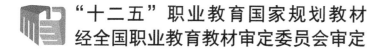

"十二五"职业教育国家规划教材

经全国职业教育教材审定委员会审定

通信工程综合实训
（第3版）

张庆海　主　编

曾庆祝　汪根洋　严成成　参　编

电子工业出版社

Publishing House of Electronics Industry

北京 · BEIJING

内 容 简 介

本书以培养工学结合型、应用型人才为出发点，以通信工程项目建设为主线，系统、完整地介绍了通信工程行业所涉及的各种知识、技能。全书共六个项目，内容涵盖通信工程建设立项、通信工程设计、通信线路施工、通信设备安装与调试、通信工程项目验收，以及通信工程监理。

本书按照实际工程操作和综合实训类教学环节相结合的方法精心地设计了内容、结构，内容既有理论讲解，又有实践操作。本书不仅可作为全日制高等职业院校的通信类专业的教材，亦可作为通信工程行业从业人员上岗培训的重要参考书。

图书在版编目（CIP）数据

通信工程综合实训/张庆海主编. —3 版. —北京：电子工业出版社，2019.11
ISBN 978-7-121-38118-8

Ⅰ. ①通… Ⅱ. ①张… Ⅲ. ①通信工程－高等学校－教材 Ⅳ. ①TN91

中国版本图书馆 CIP 数据核字（2019）第 274162 号

责任编辑：郭乃明
印　　刷：北京虎彩文化传播有限公司
装　　订：北京虎彩文化传播有限公司
出版发行：电子工业出版社
　　　　　北京市海淀区万寿路 173 信箱　邮编　100036
开　　本：787×1 092　1/16　印张：14.25　字数：361.6 千字
版　　次：2010 年 12 月第 1 版
　　　　　2019 年 11 月第 3 版
印　　次：2022 年 7 月第 2 次印刷
定　　价：43.00 元

凡所购买电子工业出版社图书有缺损问题，请向购买书店调换。若书店售缺，请与本社发行部联系，联系及邮购电话：(010) 88254888，88258888。

质量投诉请发邮件至 zlts@phei.com.cn，盗版侵权举报请发邮件至 dbqq@phei.com.cn。

本书咨询联系方式：(010) 88254561，guonm@phei.com.cn。

前 言

随着通信技术的飞速发展，社会需要大量复合型通信技术人才，他们不但应具有扎实的理论基础，而且还要有较强的实际动手能力；不但要有单一的应用技术能力，还要具备综合性的知识、技能。高等职业教育所开设课程应以社会需求为中心，以培养应用型人才为目标。作为通信工程的相关专业，应以通信行业发展为导向，以现有的师资和实践条件为起点，改进教学，以适应社会的需要。实践中，综合实训类课程教学是适应这一需要的解决方案之一。此类课程的配套教材国内出版较少，更缺少完整、系统的通信工程建设实例作为参考。为此，我们编写了本书。

本书以通信工程项目建设为主线，完整、系统地介绍通信工程领域所涉及的各种知识、技能。全书共六个项目，内容涵盖通信工程建设立项、通信工程设计、通信线路施工、通信设备安装与调试、通信工程项目验收及通信工程监理。本书按照实际工程操作和综合实训类教学环节相结合的方法安排基本结构，其内容既有理论基础讲解，又有案例指导与实践操作，不仅可作为全日制高等职业院校的通信类专业教材，也可作为通信行业从业人员上岗培训的重要参考书。

本书由南京工业职业技术学院副教授、高级工程师张庆海担任主编，曾庆祝、汪根洋、严成成参编。本教材的编写还参考了大量报刊杂志和相关图书资料，在此向有关作者表示谢意。同时，本书在编写过程中得到了电子工业出版社有限公司、南京信息职业技术学院、南京铁道职业技术学院、南京秦泰科技教育有限公司等相关领导和老师的大力支持与指导，在此表示最诚挚的谢意！

限于编者的水平，本书难免有错误或不妥之处，如蒙读者指教，使本书更趋合理，编者将不胜感激。

目　　录

项目一　通信工程建设立项

🡆 实训目标

通信工程建设立项是工程实施必经的第一步。本项目从教师讲授通信工程建设项目基本概念入手，介绍基本建设的程序、通信工程分类等基础知识，通过工程勘测现场实训，使学生加深对概念的理解。通过本项目的学习，学生可以了解通信工程建设的概念，了解通信工程的分类，掌握立项过程中不同单位所做的工作内容；掌握工程勘测、立项建议书的撰写、可行性研究报告、立项任务书的编写、招投标书的编写等。从实际出发，使学生通过对项目立项过程中一些典型文书的编写，进一步掌握通信工程建设立项阶段的基本技能。

🡆 能力标准

- 了解通信工程建设的概念、特点。
- 熟悉通信工程的分类。
- 掌握工程勘测的方法。
- 选择具体工程项目，进行各种立项文书的撰写。

🡆 项目知识与技能点

基本建设、基本建设程序、通信工程分类、单项工程、立项、实施、验收、工程监理、工程勘测、立项建议书、可行性研究报告、立项任务书、招标、投标。

🡆 理论基础

一、基本建设的概念

基本建设是指利用国家预算内拨款、自筹资金、国内外基本建设贷款及其他专项基金进行的，以扩大生产能力（或增加工程效益）为主要目的的新建、扩建工程及有关工作。基本建设项目是指按一个总体设计进行的各个单项工程所构成的总体，大体经过立项、实施、验收投产三大阶段。例如，建设一座4万门电话通信局所包含的各单项工程的总和称为一个基本建设项目。

基本建设管理涉及建设单位、设计单位、施工单位和监理单位。不同的单位有不同的职责：建设单位的职责是拟定建设计划，确定建设项目，管理建设项目的全过程，如委托设计、施工、监理施工单位，审批方案、设计，组织开工、交工、验收、竣工、投产，控制建设项目进度，组织设备采购招标等；设计单位的职责是贯彻执行设计合同，为顾客提供符合合同要求的设计文件；施工单位的职责是贯彻执行施工合同，保证施工质量、进度和准备竣工验收资料等；监理单位对工程全过程进行质量、工期、成本控制，以便更好地完成工程建设任务。

基本建设按其主要形式可分为三类：第一类为新建及扩建项目，属外延型扩大再生产；第二类为改建项目、大型更新改造项目，属内含型扩大再生产；第三类为大修、小型革新、改造项目，属于固定资产的简单再生产。

二、基本建设程序

　　基本建设程序是指基本建设过程中各项工作必须遵循的先后顺序，是按照自然规律和经济规律管理基本建设的根本原则；是一项建设工程从设想、提出到决策，经过设计、施工，直至投产或交付使用的整个过程中，应当遵循的内在规律。科学的建设程序应当在坚持"先勘测、后设计、再施工"的原则基础上，突出优化决策、竞争择优、委托监理的原则。我国一般大中型项目的建设程序中，将基本建设分为三个时期，即立项、实施、验收投产；也有人将其细分为更多阶段，即提出项目建议书、项目可行性研究、编制计划任务书、编制设计文件、设备采购、施工招标或施工委托、施工、竣工验收（初验、总验）、投产运营。

　　在基本建设程序的三个时期中，第一时期为立项，要做的工作主要有：提出项目建议书、进行可行性研究、编写计划任务书。参与的部门有计划财务部门、规划设计单位、建设实施部门。第二时期为实施阶段，主要工作有：初步设计、年度计划安排、施工准备（设备订货招投标等）、施工图设计、施工企业招投标或委托、编写开工报告、施工等。参与的部门有基建工程部门、设计单位、施工单位。第三时期为验收投产阶段，主要工作是在工程完工后进行竣工验收和投产。参与的部门有计划财务部门、基建工程部门、设计单位、施工单位、运营维护部门。

　　如果把基本建设程序进一步细化，可有如下的阶段划分。

1. 编写项目建议书阶段

　　编写项目建议书阶段指通过论述拟建项目的建设必要性、可行性，以及获利的可能性，来确定是否进行下一步工作。

　　项目建议书经批准后，项目即可列入项目建设前期工作计划，可以进行下一步的可行性研究工作。

2. 可行性研究阶段

　　可行性研究的主要作用是为建设项目投资决策提供依据，同时也为建设项目设计、银行贷款、申请开工建设、建设项目实施、项目评估、科学试验、设备制造等提供依据。

　　研究内容主要包括分析项目建设是否必要，技术方案是否可行，生产建设条件是否具备，项目建设是否经济、合理等问题。

　　本阶段将提出可行性研究报告，这是可行性研究的成果。经批准的可行性研究报告是项目最终决策文件。可行性研究报告审查通过，则拟建项目正式立项。

3. 编制计划任务书

　　计划任务书是确定基本建设项目和编制设计文件的主要依据，由计划部门编制。计划任务书的内容有：建设目的和要求，建设规模和原有设备的利用，建设地点和建设路由走向，拆迁、征地的估算和外部协作配合条件，建设标准和抗震条件，建设工期和投资估算值，资金、材料和主要设备来源，要求达到的经济效果和资金回收预期，存在的主要问题及解决办法。

4. 编制设计文件

　　设计文件的作用是为顾客（建设单位、维护单位）把好工程的四关：网络技术关、工程质量关、投资经济关、设备（线路）维护关。

设计文件由两部分组成：技术和经济。技术问题通过设计文件中的说明和图纸解决；经济问题通过设计文件中的概算、施工图预算和修正概算解决。

根据建设项目的不同，基本建设项目设计又可分为：二阶段设计、三阶段设计和一阶段设计。二阶段设计由初步设计和施工图设计组成；三阶段设计由初步设计、技术设计和施工图设计组成；一阶段设计用于规模较小、技术成熟或可套用标准设计的建设项目，属扩大的初步设计项目。

初步设计是工程设计的第一阶段，根据批准的可行性研究报告和设计基础资料，对工程进行系统研究，概略计算，做出总体安排，拿出具体实施方案，目的是在指定的时间、空间等限制条件下，在总投资控制的额度内和质量要求下，做出技术上可行、经济上合理的设计和规定，并编制工程总概算。初步设计的主要内容有：主要经济技术指标、设备选型、主要设备清单、主要材料用量、建设工期和总概算、必要的文字说明和图纸。初步设计不得随意改变批准的可行性研究报告所确定的建设规模、产品方案、工程标准、建设地址和总投资等基本条件。

施工图设计的目的是使设计达到施工安装的要求。施工图设计应结合实际情况，完整、准确地表达出建筑物的外形、内部空间的分割、结构体系及建筑系统的组成和建筑物与周围环境的协调程度。《建设工程质量管理条例》规定，建设单位应将施工图设计文件报建设行政主管部门或其他有关部门审查，未经审查批准的施工图设计文件不得使用。

一阶段设计属扩大的初步设计，兼有初步设计和施工图设计两种功能。新的电信运营商已有将可行性研究、初步设计、施工图设计的功能并入一阶段设计的要求。此时，应按市场部与运营商协商确定的结果编制设计文件。

5. 施工准备阶段

施工准备阶段包括设备采购、施工招标或施工委托；还包括确定项目法人；征地、拆迁和平整场地；做到水通、电通、路通；组织设备、材料订货；建设工程报监；委托工程监理；组织施工招标投标，优选施工单位；办理施工许可证等。

6. 施工安装阶段

施工安装要在具备了开工条件并取得施工许可证后才能进行。本阶段的主要任务是按设计进行施工安装，建成工程实体。设备安装前，进行设备单机测试；然后进行工程施工和设备安装；设备安装后，进行系统段测、联测；最后编制竣工资料。

7. 竣工验收阶段

建设工程按设计文件规定的内容和标准全部完成，并按规定将工程内外全部清理完毕后，达到竣工验收条件，建设单位即可组织竣工验收，勘察、设计、施工、监理等有关单位应参加竣工验收。

竣工验收小组人员可由建设、监理、维护管理、生产、设计、施工单位等部门人员组成。验收的主要内容包括：对工程质量进行全面检验；编写竣工验收报告；确定竣工决算。

竣工验收是考核建设成果、检验设计和施工质量的关键步骤，是由投资转入生产或使用的标志。竣工验收合格后，建设工程方可交付使用。竣工验收后，建设单位应及时向建设行政主管部门或其他有关部门备案并移交建设项目档案。

8. 投产运营阶段

竣工验收合格的工程，由维护生产单位接管运营，根据竣工决算进行固定资产登记。

三、通信工程分类

分类要按一定的标准进行，从通信网络构成、通信建设工程类别等角度来说，通信工程有不同的分类方法。

1．按通信网络构成对通信工程分类

由于通信全程全网、联合作业的特性，通信工程是综合性、复合型、高质量的系统工程。通信网是通信工程建设的关键，通常情况下，通信网由通信节点和通信线路两部分构成。通信工程也可分为通信节点工程和通信线路工程。通信节点工程是指通信企业在通信网中设置的集中处理和交换信息的地点的工程，是通信网工程的核心；通信线路工程是建设连接各个通信节点的线路的工程，它是构成通信网工程中点与点之间的信息传递通道的工程。按通信网络构成对通信工程分类，如表 1-1 所示。

表 1-1 按通信网络构成对通信工程分类

通信工程	通信节点工程	基站建设工程：终端站、分路站、转接站、中继站建设工程等
		交换站建设工程：铁塔、地球站建设工程等
	通信线路工程	有线通信工程：长途线路工程、本地网（城域网）光（电）缆线路工程、通信管道工程等
		无线通信工程：卫星、微波、移动通信设备（GSM、CDMA）、天线和馈线建设工程等
	其他附属工程	电源设备安装工程、供水供电工程、房屋建设工程等

2．按通信建设工程类别划分

按照原邮电部发布的[1995]945 号文件《通信建设工程类别划分标准》，通信建设工程按建设项目、单项工程可划分为一类工程、二类工程、三类工程和四类工程。

1）按建设项目划分

① 符合下列条件之一者为一类工程：大、中型项目或投资在 5000 万元以上的通信工程项目；省际通信工程项目；投资在 2000 万元以上的部定通信工程项目。

② 符合下列条件之一者为二类工程：投资在 2000 万元以下的部定通信工程项目；省内通信干线工程项目；投资在 2000 万元以上的省定通信工程项目。

③ 符合下列条件之一者为三类工程：投资在 2000 万元以下的省定通信工程项目；投资在 500 万元以上的市定项目；地市局工程项目。

④ 符合下列条件之一者为四类工程：县局工程项目；其他小型项目。

2）按单项工程划分

① 通信线路工程类别划分（见表 1-2）：

表 1-2 通信线路工程类别划分表

序　号	项 目 名 称	一 类 工 程	二 类 工 程	三 类 工 程	四 类 工 程
1	长途干线	省际	省内	本地网	—

续表

序　号	项目名称	一类工程	二类工程	三类工程	四类工程
2	海缆	50 km 以上	50 km 以下	—	—
3	市话线路	—	中继光缆或 2 万门以上市话主干线路	局间中继电缆线路或 2 万门以下主干线路	市话配线工程或 4000 门以下线路
4	有线电视网	—	省会或城市有线电视网线路	县以下有线电视网线路	—
5	建筑楼综合布线	—	10000 m² 以上建筑物综合布线	5000 m² 以上建筑物综合布线	5000 m² 以下建筑物电话布线
6	通信管道	—	48 孔以上	24 孔以上	24 孔以下

② 电信设备安装工程类别划分（见表 1-3）：

表 1-3　电信设备安装工程类别划分表

序　号	项目名称	一类工程	二类工程	三类工程	四类工程
1	市话交换	4 万门以上	4 万门以下	1 万门以下	4000 门以下
2	长途交换	2500 km 以上	3500 km 以下	500 km 以下	—
3	通信干线传输及终端	省际	省内	本地网	
4	移动通信及无线寻呼	省会局移动通信	地市局移动通信	无线寻呼设备工程	
5	卫星地球站	C 频段天线直径在 10 m 以上及 Ku 频段天线直径在 5 m 以上	C 频段天线直径在 10 m 以下及 Ku 频段天线直径在 5 m 以下	—	
6	天线铁塔	—	高度在 100 m 以上	高度在 100 m 以下	—
7	数据网、分组交换网等非话业务网	省际	省会局以下	—	
8	电源	一类工程配套电源	二类工程配套电源	三类工程配套电源	四类工程配套电源

③ 邮政设备安装暂不按单项工程划分类别。

注：

① 通信工程包括电信工程和邮政工程。

② 表中×××以上不包括×××本身，×××以下包括×××本身。

③ 天线铁塔、市话线路、有线电视网及建筑楼综合布线工程为无一类工程收费的工程。

④ 卫星地球站、数据网及分组交换网等不含三、四类工程，丙、丁级设计单位和三、四级施工企业不得承担此类工程任务，其他工程依此原则办理。

3）从工程建设角度对通信工程进行划分

从工程建设角度出发，通信建设工程项目的划分如图 1-1 所示。

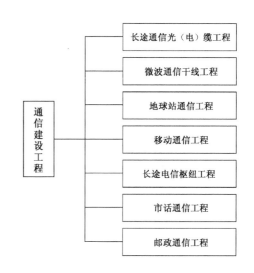

图 1-1　通信建设工程项目划分

3. 单项工程

不同建设工程项目包含的单项工程见表1-4。

表1-4 通信建设单项工程表

建设项目	单项工程	备注
长途通信光（电）缆工程	××省光（电）缆分路段线路工程（包括线路、巡房等）； ××终端站、分路站、转接站、数字复用设备及光电设备安装工程； ××光（电）缆分路段中继站设备安装工程； ××终端站、分路站、转接站、中继站电源设备安装工程（包括专用高压供电线路工程）； ××局进局光（电）缆、中继光（电）缆线路工程（包括通信管道）； ××分路站、转接站房屋建筑工程（包括机房、附属生产房屋、线务段、生活房屋、进站段通信管道）	进局及中继光（电）缆工程按城市划分单项工程。 同一项目中较大的水底光（电）缆按每处划分单项工程
微波通信干线工程	××省微波站微波设备安装工程（包括天线、馈线等）； ××省微波站复用终端设备安装工程； ××省微波站电源设备安装工程（包括专用高压供电线路工程）； ××站房屋建设工程（包括站区场地，生产、附属生产、办公、生活房屋）； ××站站外道路建筑工程； ××站铁塔建筑工程； ××站供水工程； ××站联络电话线路工程	微波二级干线可按站划分单项工程
地球站通信工程	地球站设备安装工程（包括天线、馈线）； 复用众多设备安装工程； 电源设备安装工程（包括专用供电线路工程）； 中继传输设备安装工程； 房屋建筑工程（包括生产及附属生产、办公、生活房屋）； 站外道路建设工程； 供水工程	—
移动通信工程	××移动交换局（控制中心）设备安装工程； 基站设备安装工程； 基站、交换局电源设备安装工程； 中继传输线路工程； 站房建筑工程（包括场地，生产、附属生产、办公、生活房屋）	中继传输线路工程如采用微波线路，可参照微波干线工程增列单项，如用有线线路，可参照市话线路工程增列单项
长途电信枢纽工程	长途自动交换设备安装工程； 长途人工交换设备安装工程； 用户电报设备安装工程； 自动转报设备安装工程； 人工电报设备安装工程（包括传真机）； 数字复用设备、光设备安装工程； 载波设备安装工程； 微波设备安装工程（包括天线、馈线）； 微波载波设备或数字复用设备安装工程； 会议电话设备安装工程； 通信电源设备安装工程；	传真机室设备安装工程视工程量大小可单独作为单项工程或并入人工电报设备安装单项工程中。 当同一建设项目中收、发信台分地建设时，电源、天线、馈线、遥控线、房屋、专用高压供电线路、台外倒流等均可分别作为单项工程

续表

建 设 项 目	单 项 工 程	备　　注
长途电信枢纽工程	无线电终端设备安装工程； 长途进局线路工程； 通信管道工程； 中继线路工程（包括终端设备）； 弱电系统设备安装工程（包括小型交换机、时钟、监控设备等）； 专用高压供电线路工程； 数据通信设备安装工程； 专用房屋建筑工程（包括场地、主楼、营业楼、附属生产房屋、微波天线铁塔等）； 卫星地球站工程； 其他通信工程	传真机室设备安装工程视工程量大小可单独作为单项工程或并入人工电报设备安装单项工程中。 当同一建设项目中收、发信台分地建设时，电源、天线、馈线、遥控线、房屋、专用高压供电线路、台外倒流等均可分别作为单项工程
市话通信工程	××分局交换设备安装工程； ××分局电源设备安装工程（包括专用高压供电线路）； ××分局用户线路工程（包括主干及配线电缆、交换及配线设备、集线器、杆路等）； 通信管道工程； 中继线路工程（包括音频电缆、PCM 电缆、杆路等）； 中继线路市级设备安装工程； ××分局房屋建筑工程（包括主楼、附属生产房屋、生活房屋）； ××模块局工程	专用高压供电线路的设计文件由承包设计单位编制，概、预算及技术要求纳入电源单项工程中，不另列单项工程
邮政通信工程	邮政设备安装工程； 邮政电控设备安装工程； 营业设备安装工程； 房屋建筑工程（包括场地、主楼、附属生产房屋、办公房屋、生活房屋、市政管网工程）； 邮政地道建筑工程； 电源设备安装工程（包括专用电压供电线路工程）	邮政机械按总体传输、报刊、印刷、信函、国际有线处理等划分若干单项工程。 邮政电控设备可按计算机管理、电视监控系统、内部通信、计时、显示系统、生产扩音等划分单项工程

注：

① 通信工程包括电信工程和邮政工程。

② 表中×××以上不包括×××本身，×××以下包括×××本身。

③ 天线铁塔、市话线路、有线电视网及建筑楼宇综合布线工程为无一类工程收费的项目。

④ 地球站、数据网及分组交换网等项目不含三、四类工程，丙、丁级设计单位和三、四级施工企业不得承担此类工程任务。其他项目按此原则办理。

四、通信工程的建设过程

通信工程是基本建设的典型案例。本项目将主要讨论通信工程的建设过程中所涉及的各项工作内容。通信工程的建设过程包括通信工程项目调查、编写通信工程项目建议书、进行可行性研究、通信工程项目招/投标、编写通信工程建设项目设计任务书、通信工程设计、通信工程施工、通信工程竣工验收及通信工程建设过程中的监理等。

1. 通信工程项目调查

通信工程项目调查是进行工程立项的基础。通过勘测调查，可以为编写项目建议书、编写可行性研究报告提供重要的基础资料。勘测人员通过现场实地勘察，收集工程项目所需的各种业务、技术和经济方面的有关资料，并在全面调查的基础上，联合有关专业和单位，认真进行分析、研究、讨论，为确定具体工程项目方案提供准确和必要的依据。通信工程项目调查报告是对项目调查的总结，给出一定的结论。

2．编写通信工程项目建议书

通信工程项目建议书是项目建设/筹建单位或项目法人，根据国民经济的发展、国家和地方中长期规划、产业政策、生产力布局、国内外市场及所在地的内外部条件，提出的针对某一具体项目的建议文件，是对拟建项目提出的框架性的总体设想。对于大中型项目，如工艺技术复杂、涉及面广、协调量大的项目，还要编制可行性研究报告，并作为项目建议书的主要附件之一。编写项目建议书是项目发展周期的初始阶段，是国家选择项目的依据，也是进行可行性研究的依据，涉及利用外资的项目，在项目建议书获得批准后，方可开展对外工作。

通信工程项目建议书的基本内容有：

- 拟建项目的建设必要性和依据。
- 产品方案、建设规模、建设地点初步设想。
- 建设条件初步分析。
- 投资估算和资金筹措设想。
- 项目进度初步安排。
- 效益估计。

3．进行可行性研究

项目建议书经审批后，即可根据审批结果进行可行性研究，组织专家对项目进行评估，即对拟建的项目从技术、经济上进行调查分析，进行多方案比较，并选择最佳方案供领导决策。可行性研究是立项决策、编制计划任务书的依据，是基本建设程序的重要环节。由持证规划设计部门编制，由项目主管部门评估后批准。项目可行性研究报告由以下内容组成：

- 项目提出的背景和依据。
- 建设规模、产品方案确定的依据。
- 技术工艺、主要设备和建设标准。
- 资源、动力、供水等配合条件。
- 建设地点、布局方案及占地情况。
- 项目构成、设计方案及配套条件。
- 环境保护、抗震要求。
- 劳动定员、人员培训。
- 建设工期、实施进度。
- 投资估算和资金筹措方式。
- 经济效果和社会效益。

4．通信工程项目招标

在工程建设正式实施前，如何择优选定勘察单位、设计单位、施工单位及材料、设备供应单位，是工程建设成败的关键。目前最为可行的方案是采用工程招/投标。

1）招标

一般而言，我们将通信工程建设单位称为甲方，将通信工程承建施工单位称为乙方。甲方需要建设通信工程，可以联系相关的通信施工单位，称为招标。招标是以签署招标采购合同为目的的民事活动，属于签署合同的预备阶段。所谓招标，是指招标人对货物、工程和服务事先公布采购的条件和要求，邀请投标人参加投标，招标人按照规定的程序确定中标人的行为。招标方式通常可分为公开招标和邀请招标两种。按各地规定，一般在50万元以上的通信工程都要求公开招标。所谓公开招标，是指招标人以招标公告的方式邀请不特定的法人或其他组织投标。邀请招标，是指招标人以招标邀请书的方式邀请特定的法人或其他组织投标。通信建设项目的施工及设备、材料采购应当采用公开招标方式；项目的勘察、设计、监理可以采用邀请招标方式。采用公开招标方式的，应当在国家有关主管部门指定的报刊、信息网络或其他媒介上公开发布招标公告。招标公告应当说明招标人的名称、地址、招标项目的性质、数量、实施地点、时间和获取招标文件的办法，以及要求潜在投标人提供的有关资质证明文件和业绩情况等内容。招标人采用邀请招标方式时，应当同时向三个以上具备承担招标项目建设能力、资质良好的特定法人或其他组织发出投标邀请书。

2）招标程序

招标过程可以分为招标准备阶段、招标投标阶段和决标成交阶段。招标准备阶段的主要活动有选择招标代理机构或者向有关行政监督部门备案、编制招标文件、编制标底等。招标投标阶段的主要活动有发布招标公告、投标人资格预审、确定投标人、组织项目现场勘察、澄清或修改招标文件、投标人编制投标文件、投标文件送达与签收。决标成交阶段的主要活动有开标、评标、中标、发出中标通知书、签署书面合同、向有关行政监督部门提交情况报告。

招标文件是招标人在进行某项科学研究、技术攻关、工程建设、合作经营业务或大批物资交易之前，所发布的用以公布项目内容及其要求、标准和条件，以期择优选择承包对象的文书。常用招标文件的种类有：招标公告（或广告、通告）、招标邀请书。

招标具有一定的程序。政府采购招标的程序一般为：

（1）采购人编制计划，报政府相关部门审核。

（2）采购人与招标代理机构办理委托手续，确定招标方式。

（3）进行市场调查，与采购人确认采购项目后，编制招标文件。

（4）发布招标公告或发出招标邀请书。

（5）对潜在投标人的资格进行预审。

（6）接收投标人的投标文件。

（7）在公告或邀请书中规定的时间和地点公开开标。

（8）由评标委员对投标文件进行评标。

（9）依据评标原则及程序确定中标人。

（10）向中标人发送中标通知书。

（11）组织中标人与采购单位签署合同。

（12）监督、管理合同的履行，解决中标人与采购单位的纠纷。

5．通信工程项目的投标

通常，在得到有关工程项目信息后，即可按照甲方的要求制作标书。通信工程的标书格式与一般建筑工程类似，主要内容包括项目工程的整体解决方案；技术方案的可行性和先进性论证；工程实施步骤；工程的设备材料详细清单；工程竣工后所能达到的技术标准、作用、功能等；线路及设备安装费用；工程整体报价；样板工程介绍等。投标人是响应招标，参与投标竞争的法人或其他组织。

投标文件是指投标人按照招标文件的要求，表明应标能力和条件的文字材料，其作用是介绍投标单位的经济实力、管理经验等，以备招标单位审定是否能竞争得胜。投标文件主要包括两种：投标申请书与标书。

投标申请书是指投标单位在规定的时间内报送给招标单位的用以说明自己企业的状况和参加投标竞争意向的文书。

标书是投标单位按要求编制，以供评标、决标使用的文书。收到招标单位有关招标文书（文件）后，投标单位除要向招标单位发投，还要认真研究招标文件的内容和要求，认真填写标书。

投标申请书一般由标题、主送单位、正文、落款及日期等部分构成。

① 投标申请书的标题，写明"投标申请书"即可。

② 投标申请书的主送单位，即招标单位或主管部门，在标题下一行顶格书写。

③ 正文，即投标申请书的主要内容，应表明态度，注明保证事项，也可对自己企业状况做简单介绍，以引起招标单位或主管部门的注意。这个部分的内容可详可略。由于标的的不同，需要写明的事项也不相同。比如，若标的为工程项目，常写的内容主要有：①介绍投标单位的技术力量和设备条件，以证明其承包能力；②保证达到工程质量标准的技术、组织措施；③总的工期，即工程开始、结束日期和进度安排；④工程总标价和各项费用预算；⑤投标申请书的有效期限的说明。有的还会写明其他应标条件及要求招标单位提供的配合条件等，也有的会附上标价明细表。

④ 落款和日期，应标明投标单位的全称、企业的性质、法人姓名，并加盖公章，最后注明投标申请书发出的日期。

6．编写通信工程建设项目设计任务书

通信工程建设项目设计任务的下达是以设计任务书的形式进行的。设计任务书是确定建设方案的基本文件，也是编制设计文件的主要依据，由计划部门编制。通信工程建设项目设计任务书的内容有：

- 建设目的和要求。
- 建设规模和原有设备的利用。
- 建设地点和建设路由走向。
- 拆迁、征地的估算和外部协作配合条件。
- 建设标准和抗震条件。
- 建设工期和投资估算值。
- 资金、材料和主要设备来源。
- 要求达到的经济效果和资金回收预期。
- 存在的主要问题及解决办法。

7．通信工程设计

通信工程设计与工程规模、技术复杂度及工程技术水平直接相关。不同的工程采用不同的设计，具体可分为三阶段设计、二阶段设计和一阶段设计。三阶段设计包括初步设计阶段、技术设计阶段和施工图设计阶段。二阶段设计包括初步设计阶段和施工图设计阶段。我国目前主要采用二阶段设计。对国家、军队重点工程要进行初步设计和施工图设计。一般建设项目技术较成熟、新技术含量少，可直接开展施工图设计。对复杂的工程，可增加技术设计阶段。在设计前首先要进行勘测，然后进行各阶段的设计。

通信工程设计的主要内容如下：

（1）工程勘测。工程勘测是利用多种科学技术方法，通过现场测量、测试、观察、勘探、鉴定等手段探明工程建设项目的地形、地况，收集工程设计所需要的各种业务、技术、经济及社会等有关资料，在全面调查研究的基础上，结合初步拟定的工程设计方案，认真进行分析、研究和综合评价等工作，其目的是为设计和施工提供可靠的依据。工程勘测包括工程可行性研究勘察、工程方案勘察、初步设计勘察和施工图测量等内容。

（2）初步设计。初步设计是工程设计的关键阶段，主要任务是确定建设方案，决定重大技术措施、设备选型和编制工程概算。经批准后的初步设计，是确定建设项目总规模和总投资额、编制固定资产计划及进行项目承包的依据；是控制基本建设拨款和基本建设规模的依据；是进行施工图设计、控制工程建设质量及考核设计经济合理性的依据。

（3）施工图设计。施工图设计文件是根据批准的初步设计文件和施工图设计勘测资料、主要材料和设备的订货情况进行编制的。经批准的施工图设计文件，是施工单位据以进行施工的文件，其中的施工图预算是确定工程预算造价、签署建筑施工合同、实行建设单位和施工单位投资包干和办理工程结算的依据。施工图设计文件一般包括施工图设计说明、施工图设计预算与图纸等内容。

（4）技术设计。当建设项目的工程设计按三阶段进行时，初步设计侧重于确定建设项目的总规模和总投资额（经济分析），以及对建设规模和投资额有重大影响的技术方案（如本地网设计中的局所房屋、交换设备、网络组织，以及市政建设等方面的配合）的选择；而技术设计则偏重于论述工程建设中各系统（如长市配合、传输限额、中继方式、信号系统、监控等）的技术方案、技术措施的选择。

8．通信工程施工

工程施工是施工单位按照设计文件、施工合同和施工验收规范、技术规程的规定，通过生产诸要素的优化配置和动态管理，组织通信建设工程项目实施的一系列生产活动。一般可以分为施工准备和组织施工两个阶段。

工程施工准备是施工的前期工作，目的是根据工程性质、内容、规模、施工条件及环境，为工程全面施工做好充分准备。主要内容有：

（1）参与施工图设计审查。工程设计准确、合理、完整是搞好工程建设的基础，是顺利施工的前提。参加施工图设计会审或审查时，要认真听取设计单位的技术交底，了解工程规模、通信组织；领会设计意图，对技术关键、特殊要求、接口分工、交接方案等要确认清楚；对技术指标进行必要的验算与核算，若发现问题，提出建议和意见，并落实。

（2）现场摸底。在现场摸底时，要核对施工图纸与现场是否相符，核实工程量；检查设计中有无不足或遗漏之处，研究是否具备施工条件；落实可能工期，得到建设单位的认可；落实工地的工作、生活场所和仓库及其他临时设施，准备施工条件。

（3）签署施工合同。按照法律、法规和各种制度平等协商，明确双方关系、分工及责任。

（4）编制施工组织设计。根据任务和人力、物力的情况，制定切实可行的施工工程进度、质量保障等计划和措施，统一指挥信号，确保安全，防止事故，并上报审批。

（5）工程动员。申办必要的手续，办妥各类交底卡；明确任务，交待工程内容、特点及特殊要求；明确工期安排，施工方案，并布置机构、人员转移，奔赴工地。

组织施工是施工单位对所属人员、物资、后勤供应、工序流程和外部环境等的协调组织过程，是工程施工中的一种管理活动，其任务是正确协调施工过程中劳动力、劳动对象和劳动手段在空间布置和时间安排上的矛盾；按照工程设计的工程规模与技术要求，贯彻执行技术政策、规范、规程、标准和规章制度，调配技术装备和人员，合理使用资金，协调保障物资供应及后勤服务；疏通外部渠道，创造顺利施工条件，做到工程质量优良，施工进度快，使工程按期或提前竣工，投入使用。

9. 通信工程的验收

通信工程的验收是在施工单位依据设计和施工交底文件完成单位和单项工程量、整个系统达标、设备具备决算条件后，由工程建设单位及其上级主管部门分级对工程建设的设计和施工质量、投资效果进行评估的一系列活动。验收是建设成果转入生产或使用的标志，是工程管理的重要组成部分，其主要内容分为随工验收、初步验收和竣工验收。

验收程序：在施工单位完成施工后，在自查自检的基础上，按规定和要求的内容、格式收集整理好交工文件（含随工验收的签证文件），向建设单位送出交工验收通知。建设单位收到通知后组织相关单位进行初验。验收完成后，建设单位向上级主管部门报送初步验收报告。

初验完成后，建设单位按设计文件的规定进行试运转，完成后，建设单位向上级主管部门报送试运转结果，并请求组织工程竣工验收。上级主管部门审查上报文件，符合竣工验收条件后，即组织相关部门对工程的单项和整体进行竣工验收，并得出验收结论，经验收委员会讨论通过后，颁发工程验收证书。

颁发工程验收证书后，即可整理资料，进行工程的移交，至此工程项目建设结束。

10. 通信工程建设过程中的监理

工程监理又称为工程项目管理，是为了使工程项目在一定的约束条件下取得成功，对项目实施全过程进行高效率的计划、组织、协调、控制的系列管理活动，是实现工程项目目标必不可少的方法和手段。工程监理具有一次性管理、全程综合性管理、约束性强制管理的特点，主要内容有以下几方面：

（1）项目组织协调。在工程项目的实施过程中进行组织协调，主要包括与政府管理部门之间的协调，如与规划、城建、市政、消防、人防、环保、城管等部门的协调；与资源供应方面的协调，如与供水、供电、供热、电信、运输和排水等方面的协调；与生产要素方面的协调，如与图纸、材料、设备、劳动力和资金等方面的协调；与社区环境方面的协调；项目参与单位之间的协调等。项目参与单位主要有业主、监理单位、设计单位、施工单位、供货单位、加工单位等。项目参与单位之间的协调，即项目参与单位内部各部门、各层次之间及个人之间的协调。

（2）合同管理。合同管理包括合同签署和合同执行两项任务。合同签署包括合同准备、谈判、修改和签署等工作；合同执行包括合同文件的执行、合同纠纷的处理和索赔事宜的处理工作。在执行合同管理任务时，要重视合同签署的合法性和合同执行的严肃性，为实现管理目标服务。

（3）进度控制。进度控制包括方案的科学决策、计划的优化编制和实施有效控制三个方面的任务。方案的科学决策是实现进度控制的先决条件，它包括方案的可行性论证、综合评估和优化决策。只有决策出优良的方案，才能编制出优良的计划。计划的优化编制，包括科学确定项目的工序及其衔接关系、持续时间，以及优化编制网络计划和实施措施，是实现进度控制的重要基础。实施有效控制包括同步跟踪、信息反馈、动态调整和优化控制，是实现进度控制的根本保证。

（4）投资（费用）控制。投资控制包括编制投资计划、审核投资支出、分析投资变化情况、研究投资减少途径和采取投资控制措施等任务。

（5）质量控制。质量控制包括制定各项工作的质量要求及质量事故预防措施、各个方面的质量监督与验收制度，以及各个阶段的质量事故处理和控制措施等。制定的质量要求要具有科学性，质量事故预防措施要具备有效性。质量监督和验收包含对设计质量、施工质量及材料设备质量的监督和验收，要严格检查制度和加强分析。质量事故处理与控制要对每一个阶段均严格管理和控制，采取细致而有效的质量事故预防和处理措施，以确保质量目标的实现。

➡ 案例指导

下面将根据通信工程项目建设立项过程中所涉及的工作，给出一些典型文档案例。因篇幅等原因，仅给出目录提纲，读者可参照提纲加以完善，以起到抛砖引玉之效果。

一、通信工程项目调查

通信工程项目调查是进行工程立项的基础。下面给出一调查报告提纲。

例：中国农村移动通信市场调查报告

1．绪言

    1.1 报告目的

    1.2 研究综述

    1.3 研究内容及研究思路

2．中国电信业发展概况

    2.1 中国经济和社会发展概况

    2.2 "中国移动"概况

    2.3 "中国联通"概况

    2.4 农村地区手机信号覆盖及用户分布情况

    2.5 资费

    2.6 典型抽样调查分析

3．调研结果分析

    3.1 4P 理论

    3.2 中国农村移动通信产品

        3.2.1 网络质量

二、项目建议书的编制

项目建议书是项目发展周期的初始阶段，是国家选择项目的依据，也是可行性研究的依据。下面给出《移动通信项目建议书》的案例目录：

第一章　总论

    一、项目名称

    二、承办单位概况（新建项目指筹建单位情况，技术改造项目指原企业情况）

    三、拟建地点

    四、建设内容与规模

    五、建设年限

    六、概算投资

    七、效益分析

第二章　移动通信项目建设的必要性和条件

    一、建设的必要性分析

    二、建设条件分析：包括场址建设条件分析（地质、气候、交通、公用设施、征地拆迁工作、施工等）、其他条件分析（政策、资源、法律法规等）

    三、资源条件评价

第三章　移动通信项目建设规模与产品方案

    一、建设规模（达产达标后的规模）

    二、产品方案（拟开发产品方案）

第四章　移动通信项目技术方案、主要设备方案和工程方案

    一、技术方案

        1．生产方法（包括原料路线）

        2．工艺流程

    二、主要设备方案

        1．主要设备选型（列出清单）

        2．主要设备来源

    三、工程方案

        1．建、构筑物的建筑特征、结构及面积方案（附平面图、规划图）

2．建筑安装工程量及"三材"用量估算

3．主要建、构筑物工程一览表

第五章　移动通信项目投资估算及资金筹措

一、投资估算

1．建设投资估算（先总述总投资，后分述建筑工程费、设备购置安装费等）

2．流动资金估算

3．投资估算表（总资金估算表、单项工程投资估算表）

二、资金筹措

1．自筹资金

2．其他来源

第六章　移动通信项目效益分析

一、经济效益

1．销售收入估算（编制销售收入估算表）

2．成本估算（编制总成本估算表和分项成本估算表）

3．利润与税收分析

4．投资回收预期

5．投资利润率

二、社会效益

第七章　结论

项目建议书封面案例如下：

**************************项目

建议书

项目名称：×××××

申报单位：×××××

地　　址：×××××

邮政编码：×××××

联 系 人：×××××

电　　话：×××××

传　　真：×××××

申报日期：××××年××月××日

三、项目可行性研究报告的编写

可行性研究是立项决策、编制计划任务书的依据，是基本建设程序的重要环节。下例给出了《移动通信项目可行性研究报告》目录内容：

第一章　移动通信项目概述

一、项目名称、主办单位名称、法人代表

第十章　劳动安全与工业卫生

　　一、劳动保护与安全卫生

　　二、消防

第十一章　组织结构和劳动定员

　　一、组织结构

　　二、生产班制和劳动定员

　　三、人员来源和培训

第十二章　移动通信项目实施进度

　　一、实施进度情况

　　二、工程进度表

第十三章　移动通信项目投资估算与资金筹措

　　一、投资估算主要编制依据

　　二、投资估算范围

　　三、建设投资估算

　　四、资金筹措

第十四章　移动通信项目财务评价

　　一、基础数据与参数选取

　　二、成本费用估算

　　三、销售收入估算

　　四、财务分析

　　五、不确定性分析

　　六、技术经济总评价

四、招标文件的编制

招标文件案例目录如下：

第一部分　招标公告/招标邀请书

　　第一章　招标公告

　　第二章　招标邀请书（此招标邀请书同时附在招标文件首页）

第二部分　投标须知、合同条款及评审因素

　　第三章　投标人须知

　　　1．投标人须知前附表

　　　2．投标报价

　　　3．投标文件的组成

　　　4．投标保证金

　　　5．投标人的备选投标方案

　　　6．投标文件的份数和签署情况

　　　7．投标文件的递交

　　　8．开标

9．评标

10．定标与签署合同

11．需要补充的其他内容

第四章 评标方法——综合评估法

1．评审的量化因素及权重比值

2．评审方法

第五章 合同条款及格式

1．通用合同条款

2．合同专用条款

第六章 技术规范

招标邀请书案例如下：

招标邀请书

＿＿＿＿＿＿＿＿＿＿＿（被邀请单位名称）

（项目名称） 项目已由 （项目批准单位)批准建设,建设资金来自 （出资单位名称） ，资金已落实。本招标项目的招标人为 ，（委托 招标代理机构名称 ）现对该项目进行招标邀请并以书面形式正式邀请贵单位参加。

1．工程概况与招标内容

1）招标编号：

2）项目建设地点：

3）工作内容：

4）项目规模：

5）工期要求：

6）工程质量要求：

7）工程类别：

8）招标范围：

9）承包方式：

2．获取招标文件

凡有意参加投标者，请于 年 月 日至 月 日,上午 时至 时与下午 时至 时（北京时间，公休日、节假日除外）持招标邀请书、资质等级证书（交副本验原件）及经办人的身份证，向招标人/招标代理机构了解有关信息并购买招标文件。

招标文件的售价为：每套人民币（大写） 元，售后不退。图纸押金（售价） 元，（在退还图纸时退还，不计利息）。邮购招标文件的，须另加手续费（含邮费） 元。招标人在收到邮购款（含手续费）后 日内寄送。

购买招标文件及图纸资料的地点：

3．投标文件的提交

投标文件提交的截止时间为 年 月 日 时（北京时间），请在此时间前送达（收件单位名称和地址），在此时间后送达的投标文件将不被接收，未按规定附交投标保证金的投标文件将被拒绝。

投标保证金：人民币（大写）　　　　　元，招标结束后，按招标文件规定的有效期限无息退还投标单位。

本次招标开标将于上述提交投标文件截止的同一时间在　　（开标地点）　　公开进行。

你单位收到本招标邀请书后，请于　　　　　　　　　（具体时间）前以传真或快递方式予以确认。

招标人：	招标代理机构：
地址：	地址：
邮编：	邮编：
联系人：	联系人：
电话：	电话：
传真：	传真：
电子邮件：	电子邮件：
网址：	网址：
开户银行：	开户银行：
账号：	账号：

五、投标文件的编制

投标文件案例目录如下：

1. 投标函及投标函附录
2. 法定代表人身份证明
3. 法定代表人授权委托书
4. 联合体协议书
5. 投标一览表
6. 投标保证金
7. 报价清单（工程量报价清单）
8. 施工组织设计
9. 项目管理机构
10. 拟分包项目情况表
11. 资格审查资料
12. 其他材料

投标函案例：

致：　　　（招标人名称）

1. 根据你方招标工程项目编号为　　　　　的　（工程项目名称）　项目招标文件，遵照《中华人民共和国招标投标法》等有关规定，研究上述工程招标文件的投标须知、合同条件、技术规范、图纸及其他有关文件后，我方愿意以总价人民币　　　　　元承包本项目，并承诺按本招标文件、合同条件、技术规范、图纸资料等承包上述工程的施工、竣工并承担任何质量缺陷保修责任。

2．我方已详细审核并确认全部招标文件，包括修改文件及有关附件。

3．我方承认投标文件附录是我方投标文件的组成部分。

4．一旦我方中标，我方保证按合同中规定的工期（　　天）完成并移交全部工程。

5．如果我方中标，我方保证本工程竣工质量等级为：

6．如果我方中标，我方将按照规定提交上述总价　　的银行保函或上述总价　　的履约担保书作为履约担保。

7．我方同意所递交的投标文件在"投标须知"规定的投标有效期内有效，在此期间内，如果中标，我方将受此约束。

8．除非另外达成协议并生效，你方的中标通知书和本投标文件将成为约束双方的合同文件的组成部分。

9．我方将按招标文件的规定，提交人民币　　　元的投标保证金。

10．我方保证提供的资料和证明文件真实可靠，如有弄虚作假，将承担相应的法律责任，并赔偿由此造成的一切损失。

11．我方承诺投标文件中拟派的项目负责人即为承建该工程的项目负责人。未经招标人同意随意更换项目负责人的按违约处理。

12．其他承诺：

投标人：＿＿＿＿＿＿＿＿＿＿＿＿＿＿＿＿＿（盖单位章）
法定代表人或其委托代理人：＿＿＿＿＿＿＿（签字）
单位地址：＿＿＿＿＿＿＿＿＿＿＿＿＿＿＿＿
邮政编码：＿＿＿＿＿＿电话：＿＿＿＿＿＿传真：＿＿＿＿＿＿＿＿＿
开户银行名称：＿＿＿＿＿＿＿＿＿＿＿
开户银行账号：＿＿＿＿＿＿＿＿＿＿＿
开户银行地址：＿＿＿＿＿＿＿＿＿＿＿
日期：＿＿＿＿年＿＿月＿＿日

➡ 实训作业

1．编写立项理论综述，完成实训记录。

2．编写项目调查报告：

根据通信工程分类，试结合一具体通信工程项目，如当地市话通信工程，以当地市话扩容为背景，进行实际调查研究。写出勘测调查报告，内容包括勘测过程、收集的数据、绘制的图纸等。

3．立项建议书的撰写：试结合一具体通信工程项目，编制一份立项建议书。

4．可行性研究报告：试结合一具体通信工程项目，编制一份项目可行性研究报告。

5．立项任务书的编写：试结合一具体通信工程项目，编制一份立项任务书。

6．招标文件的编写：试结合一具体通信工程项目，编制一份招标文件。

7．投标文件的编写：试结合一具体通信工程项目，编制一份投标文件。

项目二　通信工程设计

实训目标

通信工程设计是通信专业领域从业人员必备技能之一。本项目从教师讲授设计过程的基础知识入手，引导学生理论联系实际，通过典型的通信工程项目，如通信线路工程和无源光接入网工程，有目的地进行工程设计方案的编制。学生应掌握基本技能，积极查找资料，通过实训掌握工程设计的基本技能，同时提高工程设计方案的准确性和可行性。通过本项目的学习，学生可以了解通信工程设计的整个过程。要求学生在掌握通信工程设计理论的基础上，重视两个基本技能，即概预算的编制方法和工程设计制图，从而完成设计文件的编制。本项目通过介绍通信线路工程和无源光接入网工程两个典型的通信工程建设项目，要求学生在工程实地勘测的基础上，编写设计方案的文档。

能力标准

- 了解通信工程设计的方法和过程。
- 掌握概预算的编制、工程量的计算技巧，以及费用定额的构成和费率的取定。
- 熟悉各种相关概预算文件的组成及表格的填写方法。
- 掌握工程设计文件的编制方法。
- 能运用基本方法对具体工程项目（如通信线路）进行勘测并绘制线路图。
- 掌握通信管道工程的设计方法。
- 掌握通信架空线路工程的设计方法。
- 能编写通信线路工程设计方案。
- 掌握无源光网络工程的设计方法。
- 能编写无源光网络工程设计方案。
- 具备通信工程设计举一反三的能力。

项目知识与技能点

通信工程设计原则、工程设计的过程、初步设计、施工图设计、工程勘测、工程制图、通信建设工程费用组成、预算定额、工程量统计、概预算编制、设计方案编写、通信管道工程设计、管道路由设计、平面设计、剖面设计、光缆架空线路设计、线路勘测、杆路路由设计、吊线设计、拉线设计、无源光网络设计、光链路损耗计算、ODN 设计、数据业务规划、机房设计。

模块一　通信工程设计基础

理论基础

一、通信工程设计原则

① 通信工程设计必须贯彻执行国家基本建设方针和通信技术经济政策，合理利用资源，重视环境保护。

② 通信工程设计必须保证通信质量，做到技术先进、经济合理、安全适用，能够满足施工、运营和使用的要求。

③ 设计中应进行多方案比较，兼顾近期与远期通信发展的需求，合理利用已有的网络设施和装备，以保证建设项目的经济效益和社会效益，不断降低工程造价和维护费用。

④ 设计中所采用的产品必须符合国家标准和行业标准，未经试验和鉴定合格的产品不得在工程中使用。

⑤ 设计工作必须执行科技进步的方针，广泛采用适合我国国情的国内外成熟的先进技术。

⑥ 此外还应考虑到系统的容量、业务流量、投资额度、经济效益发展；保证系统正常工作的其他配套设施的结构合理，施工、安装、维护方便等相关因素，以满足对系统建设的总体要求。

二、通信工程设计的过程

根据工程建设程序，通信工程设计主要包括以下过程。

1. 规划过程

由建设单位委托，设计单位与建设单位签署协议、合同，经项目负责人（如设计单位总工）认可，下达规划/设计任务。设计部门进行勘察和调研，收集各种资料，确定勘察方案和制定勘察计划，编制规划和设计文件，经审定批准后，出版设计文件，再进行文件的归档、分发。建设（主管）单位进行规划、设计会审，再经修改，形成正式文件。

2. 规划文件的产生过程

首先是前期准备阶段，即确定项目后，开始收集资料，通过实地调研，拟定规划原则与初步目标；然后是多方案生成期，通过业务预测、网络结构确定、网络容量计算，进行多方案比较，拟定规划文件初稿；最后是方案终选阶段，经过技术经济分析，确定终选规划方案。

3. 可行性研究报告的形成

项目立项是从项目建议书上报后开始的。进行可行性研究要经过勘察，这个阶段主要侧重于对项目可行性的了解，应多方案一起进行，并积极征询建设单位各相关部门的意见，注意近期与远期、局部与整体的发展情况，收集配套工程与设施的相关资料。可行性研究报告的重点是论述项目的立项依据、规模、工程进度计划和可行性，包括技术上、工程上、经济上的可行性。

4. 初步设计

初步设计首先要按照设计合同、委托书规定的工程内容和规模确定建设方案；再对建设方案进行多方案比较；然后对主要设备进行选型；编制工程技术规范书；编制工程投资总概算。

初步设计文件的重点内容是工程的来源、设计依据、技术方案、工程规模及工程概算。

5. 施工图设计

根据批准的初步设计，提出施工技术要求并绘制图纸，要求图纸能满足指导设备安装、电（光）缆敷设及建筑物施工的需要，绘制工程线路图要先进行勘测，勘测后得到手绘草图，然后要用AutoCAD绘制工程线路图。制图的要求如下：

- 选取适宜图纸，表述专业性质、目的和内容，有多种手段表达目的和内容时，应采用最简单的表达方式。
- 图面元素布局合理、排列均匀、轮廓清晰、便于识别。
- 选用合适的图线宽度，避免图中线条过粗或过细。
- 正确使用国标和行标规定的图形符号，派生新的符号时，应符合国标图形符号的派生规律，并在合适的地方加以说明。
- 在保证图面布局紧凑和使用方便的前提下，应选择合适的图幅，使图纸大小适中。
- 应准确地按规定标注各种必要的技术数据和注释，并按规定进行书写或打印。
- 工程设计图纸应按规定设置图衔，并按规定的责任范围签字，各种图纸应按规定顺序编号。

编制施工图设计文件的重点是说明工程施工中应注意的事项：有哪些相关专业配合工程，设备、材料的型号、规格、数量，工程量和工程预算。施工图设计文件编制完成后，还有设计审核过程。施工图设计审核的重点是考核设计内容是否与批准的初步设计文件相符，施工图设计深度能否达到指导施工的要求，新采用或特殊要求的施工方法及施工技术标准是否可行、有无论证依据，以及对工程量，设备、材料的品种、型号、数量，施工图预算等的审核。

设计文件编制主要根据国务院第 279 号令《建设工程质量管理条例》（2000.1.30）、原邮电部文件《邮电基本建设工程设计文件的编制和审批办法》（邮部[1992]39 号文）。凡列入邮电固定资产投资计划的工程项目，都必须编制设计文件。工程设计文件按各种通信方式和专业划分为单项工程，每个单项工程具有单独的概预算文件。

设计文件必须由具有工程勘察设计证书和相应资格等级的设计单位编制。

设计文件的重点是：

① 设计文件要规范化和标准化编制。

② 设计单位要有相对固定的设计文件编制格式。

③ 设计文件由封面、设计说明及附录、概预算编制说明及概预算图表等部分组成；设计说明及概预算编制说明的主要阅读对象为管理、审批人员；概预算图表的主要阅读对象为专业技术人员和施工人员。

④ 封面必须能表示出工程设计的项目全名、分册编号及设计阶段；首页、扉页均应统一编写格式；扉页之后应有资格证书及文件分发表。

⑤ 概预算编制说明包括工程概况、规范及概预算总价值，编制依据及取费标准、计算方法的说明，投资及工程技术经济指标分析，以及其他需要说明的问题。

⑥ 页面篇幅及各号图纸大小应符合国家标准规定尺寸，见《电气制图一般规则》（GB 6988.2 —86）。

三、通信工程勘测

工程勘测是进行工程建设的可行性研究、工程设计的基础，也是工程设计的重要阶段，勘察与测量所取得的资料是设计的重要基础资料。设计人员通过现场实地勘测，收集工程设计所需要的各种业务、技术和经济方面的有关资料，并在全面调查的基础上，结合拟定的工程设计方案，联合有关专业和单位，认真进行分析、研究、讨论，为确定具体方案提供准确和必要的依据。通过深入的现场实地勘察、测量工作，当发现实际情况与设计任务书有较大出入时，应上报建设单位重新审定，并在设计中加以论证说明。现以市话电缆线路工程勘测为例，说明勘测的相关过程和内容。

1. 勘测前的准备工作

根据设计任务书要求，按工程性质、规模大小、复杂程度、进度要求和人员技术熟练程度，合理组织设计人员。勘测人员要认真研究设计任务书（委托书）或可行性研究报告内容，尤其对于出局电缆对数、投资范围、工程规模、配线方式、管孔容量等内容要了解清楚。在勘测过程中发现问题，应以书面材料报告批准任务书单位，征得同意后才可作为设计依据。勘测前要编写好勘测提纲，确定勘测工作次序和进度安排，根据工程特点写好调查提纲（重点调查哪些内容，解决哪些问题），拟定工作计划、日程安排等；同时要准备好勘测所需的工具、文具、文件资料、图纸等。

2. 勘测内容与资料收集

市话电缆线路工程主要勘测以下内容。

1）用户预测

（1）原有局所分布、交换区界线及拟建新局计划。

（2）线路设备使用情况及质量情况。

（3）现有的用户数量、分布情况（将所有用户数分别标注在图中分线设备处）。

（4）市区公共电话、专线用户（也要求统计在分线设备处）。

（5）待装机用户数量、区域内未申请装机用户数（即潜在用户数）和交换机中继线等（统计在杆路图或电缆图上）。

（6）根据城市规划、城区功能分布、小区建设安排和电话普及率的测算，确定设计期内的用户数量和分布情况。

2）主干电缆

（1）收集和绘制全市主干、配线电缆图（比例为 1:2000），要求注明主干电缆规格程式、条数、编号、长度、起止点，以及交接箱容量和线序、分线设备容量、配线区的划分等。

（2）杆路图的了解和绘制：原有杆路图要绘制在 1:2000 街道平面图上，注明杆高、杆距、杆材。

（3）远距离用户调查：目前远距离用户传输情况，使用线质、线径、长度及话机程式。

3）管道电缆

（1）原有管道情况调查：认真查清原有管道的空余管孔情况，画出管孔内电缆占用断面图，并确定拟加入的电缆占有的孔位。

（2）了解人孔内电缆托板形式。

（3）人孔电缆铁架排列情况：两排或三排，拟设的管道电缆接头位置的安排。

（4）管道运行情况调查：重点了解管道有无沉陷、断裂、阻塞情况及过桥装置的情况等。

4）架空电缆

（1）市政道路建设规划：建设期限、道路路面宽度、绿化带情况，有无拓宽计划及通信管线路由走向的统一规定。

（2）高低压供电线架空路由走向：电力系统高低压供电线、变压器及其附属设备的情况，电车馈电杆线架设路由。

（3）铁路、公路、水运部门规划调查：铁路、公路、水运部门的交通运输、材料装卸情况，铁路股道数、扩建计划，公路拓宽计划。

（4）杆路质量调查：电杆材质、新旧程度，目前架空电缆条数，钢铰线锈蚀程度，与其他设施的净距，跨公路、铁路高度。

（5）测量杆路路由：包括杆位、拉线位置等，须现场勘定，并取得公路、市政部门的同意。

5）电缆进线室

（1）确定进线室位置：对于新建局所，与土建设计单位共同研究建筑总平面布置，确定进线室的理想位置（进出管道方便，并与原有管道接通）。

（2）了解局所附近地质水文资料，确定进线方式、防水要求、进线口位置和处理方法。

（3）确定进线方式：采用地下室或地槽，应根据当地土质结构、终端容量、机架排列（尤其是 MDF 安装位置）等因素决定。

（4）进线室平面布置：根据局所终端容量、机线比，设计终端电缆对数、进局管孔数（三孔式或其他）、层数、间隔和成端接头安放位置，确定进线室的长度、宽度、高度。

（5）原有进线室管孔、铁架安装调查：对于原有局所，应查明出局管道排列组合情况、铁架安装方式、总配线架型号、空余铁架等情况，确定新设电（光）缆占用孔位和上线位置、成端和堵气接头位置，以及充气导管走向及安装方式。

6）水线电缆

（1）收集水线路由平面图：包括两岸、河面图，比例为 1∶500 或 1∶1000。

（2）确定水线登陆点：根据河道和敷设水线应遵循的必要条件，现场勘定水线登陆点，并取得航运、港务部门书面批复同意文件。

（3）调查河床地质：对河床浅地层进行调查，尤其应探明埋深范围内地质情况（是否有岩石、礁基出现），要查清敷设水线路由附近有无其他水下障碍物，如沉船等。

（4）了解河床变迁情况：根据航运、港务部门提供的水文资料，调查水线区域历年来河床断面变迁情况，以确定选择的登陆点是否适宜敷设水线。

河床水文资料包括：

① 流速资料（最大、平均流速及水底流速）。

② 水位（历史最高水位及出现时间，最低水位及出现时间，以及平均水位）。

③ 流量（最大流量、洪峰期间流量及最小流量）。

④ 河流通航情况：主航道位置、宽度、深度、通航船只吨位及等级。

⑤ 河流疏浚计划：施工深度及实施日期、拟通过航船吨位。

⑥ 穿越岸滩堤防设施的，确定登陆点过堤的方案，并取得水利及河堤管理部门书面同意批复文件。

⑦ 水线测量，包括测量水线登陆点间跨距、河床断面流速、初探河床地质等，若城建部门无法提供平面资料则须补测两岸平面图。

⑧ 了解两岸供电线路的情况，与港务部门共同商定禁锚区范围及设置标志牌的要求，现场调

查供电线路路由、长度。

⑨ 勘定备用水线，对于流速较大，河床变化幅度较大，且比较重要的水线工程，要考虑敷设备用水线，主/备用水线的间距视河床具体情况而定。

（5）勘测完毕后，要根据勘测的结果，向建设单位系统汇报，进一步落实设计方案，并确定遗留问题的处理意见，例如，电缆交接箱位置及新建光缆路由的审批工作应书面提交规划部门审批备案等。

四、通信工程制图

1．通信工程制图的总体要求

为了适应通信工程建设的需要，通信工程制图的总体要求是：通信工程制图要有统一的规定，图面应布局合理、规格统一、画法一致、排列均匀，内容应轮廓清晰和便于识别。通信工程图纸要图面清晰，绘制时应使用标准的图形符号。制图应符合施工、存档和生产维护的要求，且有利于提高制图效率、保证制图质量。应选用合适的图线宽度，避免图中的线条过粗、过细。正确使用国标和行标规定的图形符号，派生新的符号时，应符合国标符号的派生规律，并应在合适的地方加以说明。在保证图面布局紧凑和使用方便的前提下，应选择合适的图纸幅面，使原图大小适中。应准确地按规定标注各种必要的技术数据和注释，并按规定进行书写或打印。工程图纸应按规定设置图衔，并按规定的责任范围签字。各种图纸应按规定顺序编号。工程制图要根据以下国家及行业标准编制。

YD/T 5015—1995　　　　《电信工程制图与图形符号》
GB/T 4728.1—13　　　　《电气图用图形符号》
GB/T 6988.1—7　　　　《电气制图》
GB/T 50104—2001　　　《建筑制图标准》
GB/T 7929—1995　　　　《1∶500、1∶1000、1∶2000 地形图图式》
GB 7159—1987　　　　　《电气技术中的文字符号制定通则》
GB 7356—1987　　　　　《电气系统说明书用简图的编制》

2．图纸幅面

工程图纸幅面和图框大小应符合国家标准 GB 6988.2《电气制图一般规则》的规定，一般应采用 A0、A1、A2、A3、A4 及其加长的图纸幅面。当上述幅面不能满足要求时，可按照 GB 4457.1《机械制图图纸幅面及格式》的规定加大幅面，也可在不影响整体视图效果的情况下将一张图分割成若干张图绘制，根据表述对象的规模大小、复杂程度、所要表达的详细程度、有无图衔及注释的数量来选择较小的合适幅面。

3．图线

图线分类及其用途应符合表 2-1 所列的规定。

表 2-1 图线分类表

图线名称	图线表示	一般用途
实线	———	基本线条：图纸主要内容用线、可见轮廓线
虚线	— — — —	辅助线条：屏蔽线、机械连接线、不可见轮廓线、计划扩展内容用线

图线名称	图线表示	一般用途
点画线	—·—·—·—	图框线：表示分界线、结构图框线、功能图框线、分级图框线
双点画线	—··—··—··	辅助图框线：表示更多的功能组合或从某种图框中区分不属于它的功能部件

图线宽度可从以下系列中选用：0.25 mm、0.3 mm、0.35 mm、0.5 mm、0.6 mm、0.7 mm、1.0 mm、1.2 mm 和 1.4 mm。通常只选用两种宽度的图线。粗线的宽度应为细线宽度的 2 倍，主要图线粗些，次要图线细些。

对于复杂的图纸，也可采用粗、中、细三种线宽，线的宽度按 2 的倍数依次递增，但线宽种类不宜过多。

使用图线绘图时，应使图形的比例和配线协调、重点突出、主次分明。在同一张图纸上，按不同比例绘制的图样及同类图形的图线粗细应保持一致。细实线为最常用的线条。在以细实线为主的图纸上，粗实线主要用于主线路、图纸的图框及需要突出显示的线路等处。指引线、尺寸标注线应使用细实线。当需要区分新旧设施时，则用粗线表示新建设施，用细线表示原有设施，用虚线表示规划预留部分。平行线之间的最小间距不宜小于粗线宽度的 2 倍，且不能小于 0.7 mm。在使用线型及线宽表示用途有困难时，可用不同的颜色加以区分。

4．比例

建筑平面图、平面布置图、管道及光（电）缆线路图等图纸，一般按比例绘制；方案示意图、系统图、原理图等可不按比例绘制，但应按工作顺序、线路走向、信息流向绘制。平面布置图、线路图和区域规划性质的图纸，推荐比例为 1:10、1:20、1:50、1:100、1:200、1:500、1:1000、1:2000、1:5000、1:10000 和 1:50000 等。设备加固图及零件加工图等图纸推荐的比例为 1:2 和 1:4 等。要根据图纸表达的内容深度和选用的图幅，选择合适的比例。对于通信线路及管道类的图纸，为了更方便地表达周围环境情况，可采用沿线路方向按一种比例，而周围环境的另一方向距离采用其他的比例或示意性地绘制。

5．尺寸标注

一个完整的尺寸标注应由尺寸数字、尺寸界线、尺寸线及其终端等组成。图中的尺寸数字，一般应注写在尺寸线的上方或左侧，也允许注写在尺寸线的中断处，但同一张图样上注法应尽量一致。尺寸数字应顺着尺寸线方向注写并符合视图方向，数字高度方向应和尺寸线垂直，不允许其他图线通过。当无法避免时，应将图线断开，在断开处填写数字。在不致引起误解时，对非水平方向的尺寸，其数字可水平地注写在尺寸线的中断处。角度的数字应注写成水平方向，一般应注写在尺寸线的中断处。尺寸数字的单位除标高和管线长度以米（m）为单位外，其他尺寸均以毫米（mm）为单位。按此原则标注尺寸可不加单位。若采用其他单位时，应在尺寸数字后加注计量单位的文字符号。尺寸界线用细实线绘制，由图形的轮廓线、轴线或对称中心线引出，也可利用轮廓线、轴线或对称中心线作为尺寸界线，尺寸界线一般应与尺寸线垂直。尺寸线的终端可以采用箭头或斜线两种形式，但同一张图中只能采用一种尺寸线终端形式，不得混用。采用箭头形式时，两端应画出尺寸箭头，指到尺寸界线上，表示尺寸的起止。尺寸箭头宜用实心箭头，箭头的大小应按可见轮廓线选定，其大小在图中应保持一致。采用斜线形式时，尺寸线与尺寸界线必须相互垂直。斜线用细实线，且方向及长短应保持一致。斜线方向以尺寸线为准，逆时针方向旋转45°，斜线长短约等于尺寸数字的高度。有关建筑用尺寸可按 GB/T 50104—2001《建筑制图标准》要求标注。

6. 字体及写法

图中书写的文字（包括汉字、字母、数字、代号等）均应工整、清晰、排列整齐、间隔均匀。其书写位置应根据图面妥善安排，文字多时宜放在图的下面或右侧。文字内容从左向右横向书写，标点符号占一个汉字的位置。中文书写时，应采用国家正式颁布的简化汉字，字体宜采用宋体或仿宋体。图中的“技术要求”、“说明”或“注”等字样，应写在具体内容的左上方，并使用比具体内容大一号的字体书写。具体内容多于一项时，应按下列顺序号排列：

1、2、3…

（1）、（2）、（3）…

①、②、③…

图中涉及数量的数字，均应用阿拉伯数字表示。计量单位应使用国家颁布的法定计量单位。

7. 图衔

通信管道及线路工程图纸应有图衔，若一张图不能完整画出，可分为多张图纸，第一张图纸使用标准图衔，其后续的图纸使用简易图衔。通信工程常用标准图衔的规格要求如图 2-1 所示，简易图衔规格要求如图 2-2 所示。

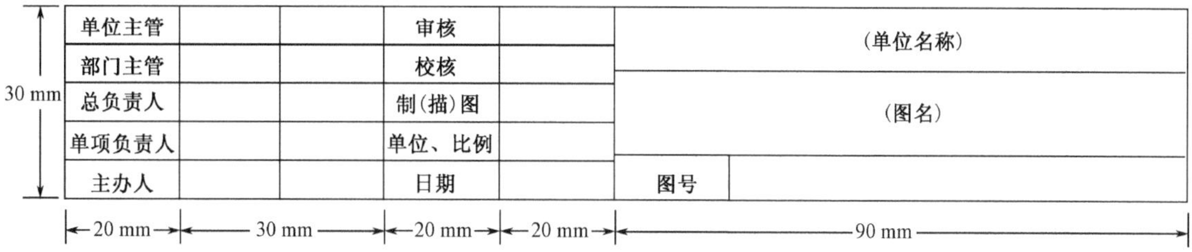

单位主管
部门主管
总负责人
单项负责人
主办人
审核
校核
制（描）图
单位、比例
日期
（单位名称）
（图名）
图号
30 mm
20 mm
30 mm
20 mm
20 mm
90 mm

图 2-1　标准图衔的规格

图号
90 mm

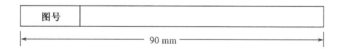

图 2-2　简易图衔规格

图纸编号的编排应尽量简洁，在设计阶段，其组成一般按以下规则处理：

工程计划号　设计阶段代号—专业代号—图纸编号

对于同计划号、同设计阶段、同专业而多册出版的，为了避免编号重复可按以下规则处理：

工程计划号　设计阶段代号（A）—专业代号（B）—图纸编号

工程计划号：可使用上级下达、客户要求或自行编排的计划号。

设计阶段代号：应符合表 2-2 所示的规定。

表2-2　图纸编号

设 计 阶 段	代 号	设 计 阶 段	代 号	设 计 阶 段	代 号
可行性研究	Y	初步设计	C	技术设计	J
规划设计	G	方案设计	F	设计投标书	T
勘察报告	K	初设阶段的技术规范书	CJ	修改设计	在原代号后加 X
引进工程询价书	YX	施工图设计（一阶段设计）	S	—	

专业代号应符合表2-3所示的规定。

表2-3　常用专业代号

名 称	代 号	名 称	代 号
长途明线线路	CXM	海底电缆	HDL
长途电缆线路	CXD	海底光缆	HGL
长途光缆线路	CXG 或 GL	市话电缆线路	SXD 或 SX
水底电缆	SDL	市话光缆线路	SXG 或 GL
水底光缆	SGL	通信线路管道	GD

① 用于大型工程中分省、分业务区编制时的区分标识，可以是数字1、2、3或拼音字母的字头等。

② 用于区分同一单项工程中不同的设计分册（如不同的站册），一般用数字（分册号）、站名拼音字头或相应汉字表示。

图纸编号：为工程计划号、设计阶段代号、专业代号相同的图纸间的区分号，应采用阿拉伯数字简单地编制（同一图纸编号的系列图纸用括号内加注分编号表示）。

8. 注释、标志和技术数据

当含义不便于用图示方法表达时，可以采用注释。当图中出现多个注释或大段说明性注释时，应当把注释按顺序放在边框附近。注释可以放在需要说明的对象附近；当注释不在需要说明的对象附近时，应使用指引线（细实线）指向说明对象。标志和技术数据应该放在图形符号的旁边；当数据很少时，技术数据也可以放在图形符号的方框内（如继电器的电阻值）；数据多时可以用分式表示，也可以用表格形式列出。

当用分式表示时，可采用以下模式：

$$N\frac{A-B}{C-D}F$$

其中，N为设备编号，一般靠前或靠上放；A、B、C、D为不同的标注内容，可增可减；F为敷设方式，一般靠后放。

当设计中要表示本工程前后有变化时，可采用斜杠方式，即（原有数）/（设计数）；

当设计中要表示数量有所增加时，可采用加号方式，即（原有数）+（增加数）。

常用的标注方式如表2-4所示。图中的代号应以工程中的实际数据代替。

表 2-4　常用标注方式

序　号	标　注　方　式	说　　明
01	N / P / P1/P2　P3/P4（圆形标注）	对直接配线区的标注方式 其中： N：主干电缆编号；例如，0101 表示 01 电缆上第一个直接配线区； P：主干电缆容量（初设为对数；施设为线序）； P1：现有局号用户数； P2：现有专线用户数，当有不需要局号的专线用户时，再用＋（对数）表示； P3：设计局号用户数； P4：设计专线用户数
02	N / (n) / P / P1/P2　P3/P4（圆形标注）	对交接配线区的标注方式 其中： N：交接配线区编号， 　　例如，J22001 表示 22 局第一个交接配线区； n：交接箱容量。例如，2 400（对）； P1、P2、P3、P4：含义同 01 注
03	m+n / L / N1　N2	对管道扩容的标注，其中： m：原有管孔数，可附加管孔材料符号； n：新增管孔数，可附加管孔材料符号； L：管道长度； N1、N2：人孔编号
04	L / H*Pn — d	对市话电缆的标注，其中： L：电缆长度；　H*：电缆型号； Pn：电缆百对数；d：电缆芯线线径
05	L / N1　N2	对架空杆路的标注，其中： L：杆路长度； N1、N2：起止电杆编号（可加注杆材类别的代号）
06	L / H*Pn — d / N–X / N1　N2	对管道电缆的简化标注，其中： L：电缆长度；　　H*：电缆型号； Pn：电缆百对数；　d：电缆芯线线径； X：线序； 斜向虚线：人孔的简化画法； N1 和 N2：表示起止人孔号； N：主杆电缆编号
07	L — N–S / L–P	加感线圈表示方式，其中： N：加感编号；　　S：荷距段长； L：加感量（mH）；　P：线对数
08	N–B ┃ d / C ┃ D	分线盒标注方式，其中： N：编号；　　　　　B：容量； C：线序；　　　　　d：现有用户数； D：设计用户数

序　号	标注方式				说　明
09	$\frac{N–B}{C}$		d	D	分线箱标注方式 注：字母含义同08
10	$\frac{WN–B}{C}$		d	D	壁龛式分线箱标注方式 注：字母含义同08

　　在对图纸标注时，其项目代号的使用应符合 GB 5094—1985《电气技术中的项目代号》的规定；文字符号的使用应符合 GB 7159—1987《电气技术中的文字符号制定通则》的规定。

　　在通信工程设计中，由于文件名称和图纸编号多已明确，在项目代号和文字标注方面可适当简化，推荐如下：

- 平面布置图中可主要使用位置代号或用顺序号加表格说明。
- 系统方框图中可使用图形符号或用方框加文字符号来表示，必要时也可二者兼用。
- 接线图应符合 GB/T 6988.3—1997《电气技术用文件的编制　第3部分：接线图和接线表》的规定。

　　对安装方式的标注应符合表 2-5 所示的规定。

表 2-5　安装方式的标注

序　号	代　号	安装方式	英文说明
1	W	壁龛式	wall mounted type
2	C	吸顶式	ceiling mounted type
3	R	嵌入式	recessed type
4	DS	管吊式	conduit suspension type

　　对敷设部位的标注应符合表 2-6 所示的规定。

表 2-6　敷设部位的标注

序　号	代　号	安装方式	英文说明
1	M	钢索敷设	supported by messenger wire
2	AB	沿梁或跨梁敷设	along or across beam
3	AC	沿柱或跨柱敷设	along or across column
4	WS	沿墙面敷设	on wall surface
5	CE	沿天棚面或顶板面敷设	along ceiling or slab
6	SC	吊顶内敷设	in hollow spaces of ceiling
7	BC	暗敷设在梁内	concealed in beam
8	CLC	暗敷设在柱内	concealed in column
9	BW	墙内埋设	burial in wall
10	F	地板或地板下敷设	in floor
11	CC	暗敷设在屋面或顶板内	in ceiling or slab

9. 图形符号

同一项目采用几种形式的图形符号时，图形符号的使用应遵守以下规则：

● 优先使用"优选形式"。

● 在满足需要的前提下，宜选用最简单的形式，如"一般符号"。

● 在同一种图纸上应使用同一种形式。

一般情况下，对同一项目宜采用同样大小的图形符号；特殊情况下，为了强调某方面或为了便于补充信息，允许使用不同大小的符号和不同粗细的线条。绝大多数图形符号的取向是任意的。为了避免导线的弯折或交叉，在不引起错误理解的前提下，可以将符号旋转或取镜像形态，但文字和指示方向不得倒置。标准中图形符号的引线是作为示例画上去的，在不改变符号含义的前提下，引线可以取不同的方向，但在某些情况下，引线符号的位置会影响符号的含义。为了保持图形符号的布置均匀，围框线可以不规则地画出，但是围框线不应与元器件相交。标准中只是给出了图形符号有限的例子，如果某些特定的设备或项目标准中未做规定，允许根据已规定的符号组合规律进行派生。派生图形符号是指利用原有符号加工成新的图形符号。对急需的个别符号，如因派生困难等原因，一时找不出合适的符号，允许暂时使用方框中加注文字符号的方式。

常用图形符号见附录 A。

五、通信建设工程概预算

通信建设工程概预算在工程设计中具有重要的地位。通信建设工程概预算目前正在使用的定额及配套文件有两个版本：一个是 95 版，另一个是 2008 版。2008 版是在 95 版的基础上改进的，下面以 2008 版的通信建设工程概预算方面的相关知识为重点进行介绍。

（一）通信建设工程费用组成

在生产过程中，为了完成某一单位合格产品，就要消耗一定的人工、材料、机具设备和资金。由于这些消耗受技术水平、组织管理水平及其他客观条件的影响，其消耗水平是不相同的。因此，为了统一考核其消耗水平，便于经营管理和经济核算，就需要有一个统一的平均消耗标准。这里涉及定额的概念，所谓定额，就是在一定的生产技术和劳动组织条件下，完成单位合格产品在人力、物力、财力的利用和消耗方面应当遵守的标准。建设工程定额是根据国家一定时期的管理体制和管理制度，根据不同定额的用途和适用范围，由指定的机构按照一定的程序制定的，并按照规定的程序审批和颁布执行。建设工程定额虽然是主观的产物，但是它能正确地反映工程建设和各种资源消耗之间的客观规律。现行通信建设工程定额及配套文件（工信部规[2008]75 号）是在《通信建设工程概算、预算编制办法及费用定额》（邮部[1995]626 号）的基础上修订的，从 2008年 7 月 1 日起开始实施。文件包括《通信建设工程概算、预算编制办法》《通信建设工程费用定额》《通信建设工程施工机械、仪器仪表台班定额》《通信建设工程预算定额》（共五册：第一册《通信电源设备安装工程》、第二册《有线通信设备安装工程》、第三册《无线通信设备安装工程》、第四册《通信线路工程》、第五册《通信管道工程》）。预算定额是编制施工图预算、确定和控制建筑安装工程造价的计价基础，也是落实和调整年度建设计划、对设计方案进行技术经济比较和分析的依据，同时还是施工企业进行经济活动分析的依据和编制标底、投标报价、概算定额和概算指标的基础。通信建设工程项目总费用的组成如图 2-3 所示。

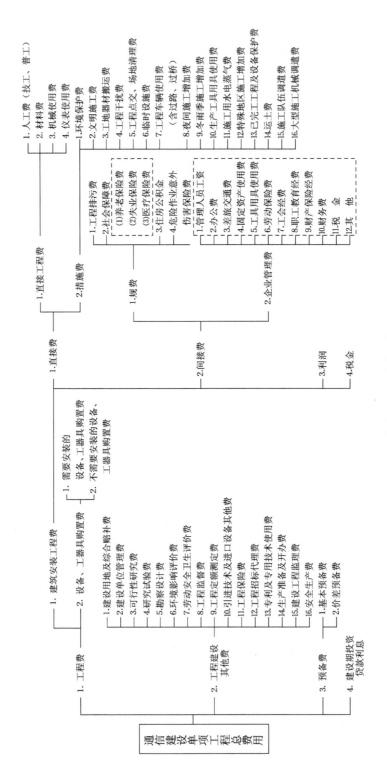

图2-3 通信建设工程总费用构成

（二）通信建设工程费用定额及计算规则

通信建设工程费用由图 2-3 所示的各项费用组成，分工程费、工程建设其他费、预备费、建设期投资贷款利息四大项，其中工程费由建筑安装工程费和设备、工器具购置费组成。建筑安装工程费由直接费、间接费、利润和税金组成，而其中直接费由直接工程费和措施费组成，直接工程费包括人工费、材料费、机械使用费和仪表使用费；间接费包括规费与企业管理费两项内容。

1．工程费

1）建筑安装工程费

建筑安装工程费在预算中较为复杂。下面先计算直接费中的直接工程费。直接工程费由人工费、材料费、机械使用费和仪表使用费组成。

（1）直接费：

① 直接工程费。直接工程费由以下部分组成。

a．人工费。通信建设工程不分专业和地区工资类别，综合取定人工费。人工费单价：技工为 48 元/工日；普工为 19 元/工日。

$$概预算人工费=技工费+普工费$$
$$概预算技工费=技工单价×概预算技工总工日$$
$$概预算普工费=普工单价×概预算普工总工日$$

b．材料费。

$$材料费=主要材料费+辅助材料费$$
$$主要材料费=材料原价+运杂费+运输保险费+采购及保管费+采购代理服务费$$
$$辅助材料费=主要材料费×辅助材料费费率$$

● 材料原价：供应价或供货地点价。

● 运杂费：编制概算时，水泥及水泥制品的运输距离按 500 km 计算，其他类型的材料运输距离按 1500 km 计算。

$$运杂费=材料原价×器材运杂费费率$$

器材运杂费费率如表 2-7 所示。

表 2-7　器材运杂费费率表

费率（%）　器材名称 运距 L（km）	光　缆	电　缆	塑料及 塑料制品	木材及木制品	水泥及 水泥构件	其　他
$L \leqslant 100$	1.00	1.50	4.30	8.40	18.00	3.60
$100 < L \leqslant 200$	1.10	1.70	4.80	9.40	20.00	4.00
$200 < L \leqslant 300$	1.20	1.90	5.40	10.50	23.00	4.50
$300 < L \leqslant 400$	1.30	2.10	5.80	11.50	24.50	4.80
$400 < L \leqslant 500$	1.40	2.40	6.50	12.50	27.00	5.40
$500 < L \leqslant 750$	1.70	2.60	6.70	14.70	—	6.30
$750 < L \leqslant 1\,000$	1.90	3.00	6.90	16.80	—	7.20
$1\,000 < L \leqslant 1\,250$	2.20	3.40	7.20	18.90	—	8.10

续表

费率（%）器材名称 运距 L（km）	光 缆	电 缆	塑料及 塑料制品	木材及木制品	水泥及 水泥构件	其 他
1 250<L≤1 500	2.40	3.80	7.50	21.00	—	9.00
1 500<L≤1 750	2.60	4.00	—	22.40	—	9.60
1 750<L≤2 000	2.80	4.30	—	23.80	—	10.20
L>2 000 km 时每 250 km 增加的费率	0.20	0.30	—	1.50	—	0.60

- 运输保险费为

$$运输保险费 = 材料原价 \times 保险费率\ 0.10\%$$

- 采购及保管费为

$$采购及保管费 = 材料原价 \times 采购及保管费费率（见表 2\text{-}8）$$

表 2-8 采购及保管费费率表

工 程 名 称	计 算 基 础	费率（%）
通信设备安装工程	材料原价	1.00
通信线路工程		1.10
通信管道工程		3.00

- 采购代理服务费按实计取。
- 辅助材料费为

$$辅助材料费 = 主要材料费 \times 辅助材料费费率（见表 2\text{-}9）$$

表 2-9 辅助材料费费率表

工 程 名 称	计 算 基 础	费率（%）
通信设备安装工程	主要材料费	3.00
电源设备安装工程		5.00
通信线路工程		0.30
通信管道工程		0.50

- 凡由建设单位提供的利旧材料，其材料费不计入工程成本。
- c. 机械使用费为

$$机械使用费 = 机械台班单价 \times 概预算的机械台班量$$

- d. 仪表使用费为

$$仪表使用费 = 仪表台班单价 \times 概预算的仪表台班量$$

② 措施费。措施费的计算由下列各项合成：

a. 环境保护费为

$$环境保护费 = 人工费 \times 相关费率（见表 2\text{-}10）$$

表2-10　环境保护费费率表

工 程 名 称	计 算 基 础	费率（%）
无线通信设备安装工程	人工费	1.20
通信线路工程、通信管道工程		1.50

b. 文明施工费为

文明施工费=人工费×费率1.00%

c. 工地器材搬运费为

工地器材搬运费=人工费×相关费率（见表2-11）

表2-11　工地器材搬运费费率表

工 程 名 称	计 算 基 础	费率（%）
通信设备安装工程	人工费	1.30
通信线路工程		5.00
通信管道工程		1.60

d. 工程干扰费为

工程干扰费=人工费×相关费率（见表2-12）

表2-12　工程干扰费费率表

工 程 名 称	计 算 基 础	费率（%）
通信线路工程、通信管道工程（干扰地区）	人工费	6.00
移动通信基站设备安装工程		4.00

注：①干扰地区指城区、高速公路隔离带、铁路路基边缘等施工地带。

②综合布线工程不计取此费用。

e. 工程点交、场地清理费为

工程点交、场地清理费=人工费×相关费率（见表2-13）

表2-13　工程点交、场地清理费费率表

工 程 名 称	计 算 基 础	费率（%）
通信设备安装工程	人工费	3.50
通信线路工程		5.00
通信管道工程		2.00

f. 临时设施费。临时设施费按施工现场与企业的距离可划分为35 km以下和35 km以上两档。

临时设施费=人工费×相关费率（见表2-14）

表2-14　临时设施费费率表

工 程 名 称	计 算 基 础	费率（%）	
		距离≤35 km	距离>35 km
通信设备安装工程	人工费	6.00	12.00
通信线路工程	人工费	5.00	10.00
通信管道工程	人工费	12.00	15.00

g. 工程车辆使用费为

工程车辆使用费=人工费×相关费率（见表2-15）

表2-15　工程车辆使用费费率表

工　程　名　称	计　算　基　础	费率（%）
无线通信设备安装工程、通信线路工程	人工费	6.00
有线通信设备安装工程、通信电源设备安装工程、通信管道工程		2.60

h. 夜间施工增加费为

夜间施工增加费=人工费×相关费率（见表2-16）

表2-16　夜间施工增加费费率表

工　程　名　称	计　算　基　础	费率（%）
通信设备安装工程	人工费	2.00
通信线路工程（城区部分）、通信管道工程		3.00

注：此项费用不考虑施工时段，均按相应费率计取。

i. 冬雨季施工增加费为

冬雨季施工增加费=人工费×相关费率（见表2-17）

表2-17　冬雨季施工增加费费率表

工　程　名　称	计　算　基　础	费率（%）
通信设备安装工程（室外天线、馈线部分）	人工费	2.00
通信线路工程、通信管道工程		

注：①此项费用不分施工所处季节，均按相应费率计取。

②综合布线工程不计取此费用。

j. 生产工具用具使用费为

生产工具用具使用费=人工费×相关费率（见表2-18）

表2-18　生产工具用具使用费费率表

工　程　名　称	计　算　基　础	费率（%）
通信设备安装工程	人工费	2.00
通信线路工程、通信管道工程		3.00

k. 施工用水电蒸气费。通信线路工程、通信管道工程依照施工工艺要求按实计取施工用水电蒸气费。

l. 特殊地区施工增加费。各类通信工程按3.20元/工日标准，计取特殊地区施工增加费。

特殊地区施工增加费=概预算总工日×3.20 元/工日

m．已完工工程及设备保护费。承包人依据工程发包的内容范围报价，经业主确认计取已完工工程及设备保护费。

n．运土费。通信线路（城区部分）、通信管道工程根据市政管理要求，按实计取运土费，计算依据参照地方标准。

o．施工队伍调遣费。施工队伍调遣费按调遣费定额计算（见表 2-19 和表 2-20），施工现场与企业的距离在 35 km 以内时，不计取此项费用。

施工队伍调遣费=单程调遣费定额×调遣人数×2

表 2-19　施工队伍单程调遣费定额表

调遣里程（L）（km）	单程调遣费定额（元）	调遣里程（L）（km）	单程调遣费定额（元）
35<L≤200	106	2 400<L≤2 600	724
200<L≤400	151	2 600<L≤2 800	757
400<L≤600	227	2 800<L≤3 000	784
600<L≤800	275	3 000<L≤3 200	868
800<L≤1 000	376	3 200<L≤3 400	903
1 000<L≤1 200	416	3 400<L≤3 600	928
1 200<L≤1 400	455	3 600<L≤3 800	964
1 400<L≤1 600	496	3 800<L≤4 000	1 042
1 600<L≤1 800	534	4 000<L≤4 200	1 071
1 800<L≤2 000	568	4 200<L≤4 400	1 095
2 000<L≤2 200	601	当 L>4 400 km 时，每 200 km 增加的费用	73
2 200<L≤2 400	688		

表 2-20　施工队伍调遣人数定额表

通信设备安装工程			
概预算技工总工日	调遣人数（人）	概预算技工总工日	调遣人数（人）
500 工日以下	5	4 000 工日以下	30
1 000 工日以下	10	5 000 工日以下	35
2 000 工日以下	17	5 000 工日以上，每增加 1 000 工日增加调遣人数	3
3 000 工日以下	24		
500 工日以下	5	9 000 工日以下	55
1 000 工日以下	10	10 000 工日以下	60
2 000 工日以下	17	15 000 工日以下	80
3 000 工日以下	24	20 000 工日以下	95
4 000 工日以下	30	25 000 工日以下	105
5 000 工日以下	35	30 000 工日以下	120

通信线路工程、通信管道工程			
概预算技工总工日	调遣人数（人）	概预算技工总工日	调遣人数（人）
6 000 工日以下	40	30 000 工日以上，每5 000 工日 增加调遣人数	3
7 000 工日以下	45		
8 000 工日以下	50		

p．大型施工机械调遣费为

$$大型施工机械调遣费=2×（单程运价×调遣运距×总吨位）$$

大型施工机械调遣费单程运价为 0.62 元/（吨·千米），吨位的计算依据如表 2-21 所示。

表 2-21　大型施工机械调遣吨位表

机 械 名 称	吨位（吨）	机 械 名 称	吨位（吨）
光缆接续车	4	水下光（电）缆沟挖冲机	6
光（电）缆拖车	5	液压顶管机	5
微管微缆气吹设备	6	微控钻孔敷管设备	25 以下
气流敷设吹缆设备	8	微控钻孔敷管设备	25 以上

（2）间接费：

① 规费。间接费包括规费（规费费率见表 2-22）和企业管理费。下面计算规费：

a．工程排污费。根据施工所在地政府部门相关规定计取。

b．社会保障费。社会保障费包含养老保险费、失业保险费和医疗保险费三项内容。

$$社会保障费=人工费×相关费率$$

c．住房公积金为

$$住房公积金=人工费×相关费率$$

d．危险作业意外伤害保险费为

$$危险作业意外伤害保险费=人工费×相关费率$$

表 2-22　规费费率

费 用 名 称	工 程 名 称	计 算 基 础	费率（%）
社会保障费	各类通信工程	人工费	26.81
住房公积金			4.19
危险作业意外伤害保险费			1.00

② 企业管理费。企业管理费由下式计算：

$$企业管理费=人工费×相关费率（见表 2-23）$$

表 2-23　企业管理费费率表

工 程 名 称	计 算 基 础	费率（%）
通信线路工程、通信设备安装工程	人工费	30.00
通信管道工程		25.00

（3）利润。利润计算公式为：

$$利润=人工费×相关费率（见表2-24）$$

表2-24　利润费率表

工 程 名 称	计 算 基 础	费率（%）
通信线路工程、通信设备安装工程	人工费	30.00
通信管道工程		25.00

（4）税金。税金计算公式为：

$$税金=（直接费+间接费+利润）×税率（见表2-25）$$

表2-25　税率表

工 程 名 称	计 算 基 础	税率（%）
各类通信工程	直接费+间接费+利润	3.41

注：通信线路工程计取税金时将光缆、电缆的预算价从直接工程费中核减。

2）设备、工器具购置费

建筑安装工程费通过以上计算已经完成。工程费由建筑安装工程费和设备、工器具购置费组成。设备、工器具购置费的计算如下：

设备、工器具购置费=设备原价+运杂费+运输保险费+采购及保管费+采购代理服务费

式中：

● 设备原价：供应价或供货地点价。
● 运杂费=设备原价×设备运杂费费率（见表2-26）。

表2-26　设备运杂费费率表

运输里程L（km）	取费基础	费率（%）	运输里程L（km）	取费基础	费率（%）
$L \leq 100$	设备原价	0.80	$1\,000<L \leq 1\,250$	设备原价	2.00
$100<L \leq 200$	设备原价	0.90	$1\,250<L \leq 1\,500$	设备原价	2.20
$200<L \leq 300$	设备原价	1.00	$1\,500<L \leq 1\,750$	设备原价	2.40
$300<L \leq 400$	设备原价	1.10	$1\,750<L \leq 2\,000$	设备原价	2.60
$400<L \leq 500$	设备原价	1.20	$L>2\,000$ km 时，每250 km增加的费率	设备原价	0.10
$500<L \leq 750$	设备原价	1.50			
$750<L \leq 1\,000$	设备原价	1.70	—	—	—

● 运输保险费=设备原价×保险费费率0.40%。
● 采购及保管费=设备原价×采购及保管费费率（见表2-27）。

表2-27　采购及保管费费率表

项 目 名 称	计 算 基 础	费率（%）
需要安装的设备	设备原价	0.82
不需要安装的设备（仪表、工器具）		0.41

- 采购代理服务费按实计取。
- 引进设备（材料）的国外运输费、国外运输保险费、关税、增值税、外贸手续费、银行财务费、国内运杂费、国内运输保险费、引进设备（材料）国内检验费、海关监管手续费等按引进货价计算后计入相应的设备材料费中。单独引进软件不计关税，只计增值税。

2. 工程建设其他费

1）建设用地及综合赔补费

① 根据应征建设用地面积、临时用地面积，按建设项目所在省、市、自治区人民政府制定颁发的土地征用补偿费、安置补助费标准和耕地占用税、城镇土地使用税标准计算。

② 建设用地上的建（构）筑物如要迁建，其迁建补偿费应按迁建补偿协议计取或按新建同类工程造价计算。

2）建设单位管理费

参照财政部财建[2002]394号文件《基建财务管理规定》执行，建设单位管理费总额控制数费率见表2-28。

表2-28　建设单位管理费总额控制数费率表

单位：万元

工程总概算	费率（%）	算　　例	
		工程总概算	建设单位管理费
1 000 以下	1.50	1 000	1 000×1.50%=15
1001～5 000	1.20	5 000	15+(5 000−1 000)×1.20%=63
5 001～10 000	1.00	10 000	63+(10 000−5 000)×1.00%=113
10 001～50 000	0.80	50 000	113+(50 000−10 000)×0.80%=433
50 001～100 000	0.50	100 000	433+(100 000−50 000)×0.50%=683
100 001～200 000	0.20	200 000	683+(200 000−100 000)×0.20%=883
200 000 以上	0.10	280 000	883+(280 000−200 000)×0.10%=963

如建设项目采用工程总承包方式，其总承包管理费由建设单位与总承包单位根据总承包工作范围在合同中商定，从建设单位管理费中计取。

3）可行性研究费

参照《国家计委关于印发〈建设项目前期工作咨询收费暂行规定〉的通知》（计投资[1999]1283号）的规定。

4）研究试验费

① 根据建设项目研究试验内容和要求进行编制。

② 研究试验费不包括以下项目：

- 应由科技三项费用（即新产品试制费、中间试验费和重要科学研究补助费）开支的项目。

- 应在建筑安装费用中计取的施工企业对材料、构件进行一般鉴定、检查所发生的费用及技术革新的研究试验费。
- 应从勘察设计费或工程费中计取的费用。

5）勘察设计费

参照国家计委、建设部发布的《关于发布〈工程勘察设计收费管理规定〉的通知》（计价格[2002]10 号）规定。

6）环境影响评价费

参照国家计委、国家环境保护总局发布的《关于规范环境影响咨询收费有关问题的通知》（计价格[2002]125 号）规定。

7）劳动安全卫生评价费

参照建设项目所在省（市、自治区）劳动行政部门规定的标准计算。

8）工程监督费

参照国家发改委、财政部计价格[2001]585 号文件的相关规定。

9）工程定额测定费

$$工程定额测定费=直接费×费率\ 0.14\%$$

10）引进技术及进口设备其他费

① 引进项目图纸资料翻译复制费：根据引进项目的具体情况计取或按引进设备到岸价的比例估计。

② 出国人员费用：依据合同规定的出国人次、期限和费用标准计算。生活费及制装费按照财政部、外交部规定的现行标准计算，旅费按中国民航公布的国际航线票价计算。

③ 来华人员费用：应依据引进合同有关条款规定计算。引进合同条款中已包括的费用内容不得重复计算。来华人员费用可按每人次费用指标计算。

④ 银行担保及承诺费：应按担保或承诺协议计取。

11）工程保险费

① 不投保的工程不计取此项费用。

② 不同的建设项目可根据工程特点选择投保险种，根据投保合同计取保险费用。

12）工程招标代理费

参照国家计委《招标代理服务费管理暂行办法》计价格[2002]1980 号文件的规定。

13）专利及专用技术使用费

① 按专利使用许可协议和专有技术使用合同的规定计取。

② 专有技术的界定应以省、部级鉴定机构的批准为依据。

③ 项目投资中只计取需要在建设期支付的专利及专用技术使用费。协议或合同规定在生产期支付的使用费应在成本中核算。

14）生产准备及开办费

新建项目以设计定员为基数计算，改扩建项目以新增设计定员为基数计算：

生产准备及开办费=设计定员×生产准备及开办费指标（元/人）

生产准备及开办费指标由投资企业自行测算。

15）建设工程监理费

参照国家发改委、建设部发布的[2007]670号文件《建设工程监理与相关服务收费管理规定》进行计算。

16）安全生产费

参照财政部、国家安全生产监督管理总局发布的财企[2006]478号文件《高危行业企业安全生产费用财务管理暂行办法》的规定：安全生产费按建筑安装工程费的1.00%计取。

3．预备费

预备费计算如下：

预备费=（工程费+工程建设其他费）×相关费率（见表2-29）

表2-29　预备费费率表

工 程 名 称	计 算 基 础	费率（%）
通信设备安装工程	工程费+工程建设其他费	3.00
通信线路工程		4.00
通信管道工程		5.00

4．建设期投资贷款利息

建设期投资贷款利息根据银行当期利率计算。

（三）通信建设工程概算、预算编制办法

现行通信建设工程概算、预算编制办法是根据原邮电部发布的《通信建设工程概算、预算编制办法及费用定额》（邮部[1995]626号）中的概算、预算编制办法修订的。此方法适用于通信建设项目新建和扩建工程的概算、预算的编制；改建工程可参照使用。编制、审核及从事通信工程造价工作的相关人员必须持有工业和信息化部颁发的《通信建设工程概预算人员资格证书》。

通信建设工程概算、预算的编制，应按相应的设计阶段进行。当建设项目采用二阶段设计时，初步设计阶段编制设计概算，施工图设计阶段编制施工图预算。采用一阶段设计时，应编制施工图预算，并列预备费、投资贷款利息等费用。建设项目按三阶段设计时，在技术设计阶段编制修正概算。

设计概算是初步设计文件的重要组成部分。编制设计概算应在投资估算的范围内进行。施工图预算是施工图设计文件的重要组成部分。编制施工图预算应在批准的初步设计概算范围内进行。

通信建设工程概算、预算应按单项工程编制。单项工程项目划分见表2-30。

表 2-30 通信建设单项工程项目划分表

专业类别	单项工程名称	备注
通信线路工程	1．××光（电）缆线路工程 2．××水底光（电）缆工程（包括水线房建筑及设备安装） 3．××用户线路工程（包括主干、配线交接及配线设备、集线器、杆路等） 4．××综合布线系统工程	进局及中继光（电）缆工程可按每个城市作为一个单项工程
通信管道建设工程	通信管道建设工程	
通信传输设备安装工程	1．××数字复用设备及光电设备安装工程 2．××中继设备、光电设备安装工程	
微波通信设备安装工程	××微波通信设备安装工程（包括天线、馈线）	
卫星通信设备安装工程	××地球站通信设备安装工程（包括天线、馈线）	
移动通信设备安装工程	1．××移动控制中心设备安装工程 2．基站设备安装工程（包括天线、馈线） 3．分布系统设备安装工程	
通信交换设备安装工程	××通信交换设备安装工程	
数据通信设备安装工程	××数据通信设备安装工程	
供电设备安装工程	××电源设备安装工程（包括专用高压供电线路工程）	

设计概算的编制依据有：批准的可行性研究报告；初步设计图纸及有关资料；《通信建设工程预算定额》（目前通信工程用预算定额代替概算定额编制概算）、《通信建设工程费用定额》《通信建设工程施工机械、仪表台班费用定额》及其有关文件；建设项目所在地政府发布的土地征用和赔补费标准等有关规定；有关合同、协议等。

施工图预算的编制依据有：批准的初步设计概算及有关文件；施工图、标准图、通用图及其编制说明；《通信建设工程预算定额》《通信建设工程费用定额》《通信建设工程施工机械、仪器仪表台班定额》及其有关文件；建设项目所在地政府发布的土地征用和赔补费用等有关规定；有关合同、协议等。

设计概算由编制说明和概算表组成。

编制说明的内容包括工程概况、概算总价值、编制依据、采用的取费标准和计算方法的说明、工程技术经济指标分析（主要分析各项投资的比例和费用构成、投资情况，说明设计的经济合理性及编制中存在的问题）及其他需要说明的问题。

概算表由十张表格组成，主要包括预算总表（表一）、建筑安装工程费表（表二）、建筑安装工程量预算表（表三甲）、建筑安装工程机械使用费预算表（表三乙）、材料表（表四）、工程建设其他费用表（表五）等表格。

施工图预算由编制说明和预算表组成。编制说明包括的内容有：工程概况、预算总价值、编制依据及采用的取费标准和计算方法的说明、工程技术经济指标分析及其他需要说明的问题。

预算表由十张表格组成，主要包括预算总表（表一）、建筑安装工程费表（表二）、建筑安装工程量预算表（表三甲）、建筑安装工程机械使用费预算表（表三乙）、材料表（表四）、工程建设其他费用表（表五）等表格。

（四）设计概算、施工图预算的编制程序

设计概算、施工图预算的编制程序按下列程序进行：

（1）熟悉图纸、收集相关资料。在编制概预算前，针对工程具体情况和所编概预算内容收集相关资料，包括概预算定额、费用定额及材料、设备价格等。应对施工图进行一次全面的检查，检查图纸是否完整，明确设计意图，检查各部分尺寸是否有误，认真阅读施工说明。

（2）计算工程量。这是决定概预算编制是否准确的重要一步，同时又是一项工作量很大且复杂的工作。计算工程量时要注意以下几点：

- 要先熟悉图纸的内容和相互关系，搞清有关标注和说明。
- 计量单位一定要与概预算定额单位相一致，不能套错定额。
- 计算的方法一般可依照施工图顺序由左而右、由下而上或由内而外依次进行，也可按个人喜欢的顺序进行（只要工程量统计准确即可）。
- 要防止出现漏算、误算和重复计算。
- 合并同类项，编制工程量汇总表。

（3）套用定额。工程量经复核后方可套用定额。套用定额时应核对工程内容与定额内容是否一致，以防误套。

（4）计算各项费用。按照费用定额所讲的计算规则、标准分别计算各项费用，并按通信建设工程概预算表格的填写要求填写表格。

（5）复查。对上述表格内容进行一次全面复查。重点复查所列项目名称、套用定额、工程量、计算结果、取费标准等是否正确。

（6）撰写编制说明。按前述要求认真撰写编制说明。

（7）审核印刷。送领导审核签字，印刷出版。

通信工程概预算表格填写顺序：通信建设工程的概预算文件主要由表一、表二、表三甲、表三乙、表四和表五组成，其编制时的填写顺序如图2-4所示。

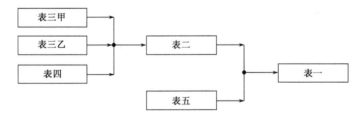

图2-4　概预算表格填写顺序

（五）通信工程工程量的统计

工程量的统计计算是判断概预算编制是否准确的重要一步，同时又是一项工作量很大且复杂的工作。工程量是编制概预算的基本数据，准确地统计、计算出工程量是做好概预算文件的基础。编制初步设计概算、技术设计补充概算、施工图预算和施工预算均需要计算工程量。

- 工程量的计算应按工程量的计算规则进行，即工程项目的划分、计量单位的取定、有关系数的调整换算等，都应按各专业计算规则进行。
- 工程量的主要计算依据为设计图纸、现行工程概预算定额、施工组织设计和其他有关文件。
- 计量单位要和预算定额中的计量单位一致，否则无法套用定额。工程量的计量单位有物理

计量单位和自然计量单位。物理计量单位采用国家法定的计量单位，如长度用米、千米；重量用克、千克；体积用立方米；面积用平方米等。自然计量单位有台、套、部、端、系统等。

- 各种不同设备的安装工程量，应按设备的不同类别、名称、规格、型号分别计算。
- 工程量的计算方法一般按照图纸顺序，由上至下、由左至右依次进行，防止漏算、误算、重复计算，最后将同类项加以合并，并编制工程量汇总表。
- 工程量计算应以设计规定的所属范围和设计界线为准，布线走向和部件设置以施工验收规范为准。
- 工程量应以安装数量为准，所用材料数量不能作为计算依据。

不同的工程有不同的统计方法，下面按不同的工程简述工程量的统计。

1. 通信管道工程工程量的统计

通信管道和管道光（电）缆工程的工程量由开挖（回填）土石方、通信管道（路由准备）、敷设光（电）缆、光（电）缆接续和线路设备安装五部分组成。通信管道和管道光（电）缆工程量的计算规则和内容有以下几部分：

（1）施工测量。管道工程施工测量长度等于各人孔中心之间距离之和（单位：100 米）。

（2）计算人孔坑深，按设计计算。

（3）计算管道沟深，按设计计算。

（4）计算开挖路面面积：

$$A=B \times L/100$$

式中，A 为开挖路面面积；B 为路面宽度；L 为开挖路面的长度。

（5）计算开挖土石方工程量与回填土石方工程量。

（6）计算通信管道剩余土石方工程量。

（7）计算混凝土管道基础工程量。

（8）计算铺水泥管道工程量。

（9）计算通信管道包封混凝土工程量。

（10）计算无人孔部分砖砌通道工程量。

（11）计算混凝土基础加筋工程量。

（12）计算光（电）缆的敷设长度。

（13）计算室内通道敷设光（电）缆的工程量。

（14）计算引上光（电）缆工程量。

（15）计算光（电）缆接续与测试工程量。

（16）计算通信线路设备安装工程量。

2. 通信地埋工程工程量的统计

（1）施工测量：

施工测量长度=路由图终点长度－路由图起点长度（单位：100 米）

（2）光（电）缆接头坑个数取定：

- 埋式光缆接头坑按每 2 km 一个或每 1.7～1.85 km 一个取定；施工图按实际设计。
- 埋式电缆初步设计按每 1 km 5 个取定；施工图设计按实际取定。

（3）缆沟工程量计算（按设计工程量计算）。

（4）计算开挖、回填土石方工程量。

（5）计算光（电）缆的敷设工程量。

（6）计算室内通道敷设光缆的工程量。

（7）计算引上光缆工程量。

（8）计算光缆接续与测试工程量。

（9）计算通信线路设备安装工程量。

（10）计算护坎工程量。

（11）计算护坡工程量。

（12）计算堵塞工程量。

（13）计算水泥沙浆封石沟工程量。

（14）计算漫水坝工程量。

3．架空线路工程工程量的统计

（1）施工测量：

施工测量长度=路由图终点长度 - 路由图起点长度（单位：100 米）

（2）计算立电杆工程量。按实际工程量计算。

（3）计算装拉线工程量。按实际工程量计算。

（4）计算装电杆附属装置工程量。按实际工程量计算。

（5）计算光缆架空吊线工程量。按实际工程量计算（单位：1 000 米条）。

（6）计算光缆的敷设工程量。

（7）计算室内通道敷设光缆的工程量。

（8）计算引上光缆工程量。

（9）计算光缆接续与测试工程量。

（10）计算通信线路设备安装工程量。

4．用户电缆线路工程量的统计

（1）施工测量：

施工测量长度=路由图终点长度 - 路由图起点长度（单位：100 米）

（2）电缆的敷设工程量计算：

电缆的敷设长度=施工测量长度×(1+测量系数)+设计预留长度

按实际工程量计算。

（3）敷设引上电缆工程量计算。按实际工程量计算。

（4）敷设墙壁电缆工程量计算。

（5）槽道、顶棚内布放电缆工程量计算（总量为各段光缆的敷设量合计）。

（6）布放成端电缆工程量计算，按实际工程量计算（单位：条）。

（7）打墙洞、人孔抽水、安装支持物、引上管及保护设施工程量计算。

（8）整修市话电缆线路及附属设施工程量计算。

（9）电缆接续与测试工程量计算。

（10）通信线路设备安装工程量计算，包括安装电缆进线室铁架、市话分线设备、充气设备三大项，均按实际计算。

（六）通信建设工程概预算表填写

通信建设工程概预算表格的标题中应根据编制阶段明确填写"概"或"预"。表格的表首填写具体工程的相关内容。各表填写说明如下：

1. 汇总表填写说明

● 本表供编制建设工程总概算（预算）使用，建设项目的全部费用在本表中汇总。
● 第Ⅱ栏根据各工程相应总表（表一）编号填写。
● 第Ⅲ栏根据建设项目的各工程名称依次填写。
● 第Ⅳ～Ⅸ栏根据工程项目的概算或预算（表一）相应各栏的费用合计填写。
● 第Ⅹ栏为第Ⅳ～Ⅸ栏的各项费用之和。
● 第Ⅺ栏填写以上各列费用中以外币支付部分的合计。
● 第Ⅻ栏填写各工程项目应单列的"生产准备及开办费"金额。
● 当工程有回收金额时，应在项目费用总计下列出"其中回收费用"，其金额填入第Ⅸ栏，此费用不冲减总费用。

2. 表一填写说明

● 本表供编制单项（单位）工程概算（预算）使用。
● 表首"建设项目名称"填写立项工程项目全称。
● 第Ⅱ栏根据本工程各类费用概算（预算）表格编号填写。
● 第Ⅲ栏根据本工程概算（预算）各类费用名称填写。
● 第Ⅳ～Ⅷ栏根据相应各类费用合计填写。
● 第Ⅸ栏为第Ⅳ～Ⅷ栏对应项之和。
● 第Ⅹ栏填写本工程引进技术和设备所支付的外币总额。
● 当工程有回收金额时，应在项目费用总计下列出"其中回收费用"，其金额填入第Ⅷ栏，此费用不冲减总费用。

3. 表二填写说明

● 本表供统计建筑安装工程费使用。
● 第Ⅲ栏根据《通信建设工程费用定额》相关规定，填写第Ⅱ栏各项费用的计算依据和方法。
● 第Ⅳ栏填写第Ⅱ栏各项费用的计算结果。

4. 表三填写说明

（1）表三甲填写说明：
● 本表用于统计工程量，并计算技工和普工总工日数量。
● 第Ⅱ栏根据《通信建设工程预算定额》，填写所套用预算定额子目的编号。若要临时估列工作内容子目，在本栏中标注"估列"两字；两项以上"估列"条目，应编序号。
● 第Ⅲ、Ⅳ栏根据《通信建设预算定额》分别填写所套定额子目的名称、单位。
● 第Ⅴ栏根据定额子目的工作内容所计算出的工程量数值填写。
● 第Ⅵ、Ⅶ栏填写所套定额子目的工日单位定额值。

- 第Ⅷ栏填写第Ⅴ栏与第Ⅵ栏对应项的乘积。
- 第Ⅸ栏填写第Ⅴ栏与第Ⅶ栏对应项的乘积。

（2）表三乙填表说明：

- 本表供统计本工程所列的机械费用汇总使用。
- 第Ⅱ、Ⅲ、Ⅳ和Ⅴ栏分别填写所套用定额子目的编号、名称、单位，以及该子目工程量数值。
- 第Ⅵ、Ⅶ栏分别填写定额子目所涉及的机械名称及此机械台班的单位定额值。
- 第Ⅷ栏填写根据《通信建设工程施工机械、仪表台班费用定额》查找到的相应机械台班单价。
- 第Ⅸ栏填写第Ⅶ栏与第Ⅴ栏对应项的乘积。
- 第Ⅹ栏填写第Ⅷ栏与第Ⅸ栏对应项的乘积。

（3）表三丙填写说明：

- 本表供统计本工程所列的仪表费用汇总使用。
- 第Ⅱ、Ⅲ、Ⅳ和Ⅴ栏分别填写所套用定额子目的编号、名称、单位，以及该子目工程量数值。
- 第Ⅵ、Ⅶ栏分别填写定额子目所涉及的仪表名称及此仪表台班的单位定额。
- 第Ⅷ栏填写根据《通信建设工程施工机械、仪表台班费用定额》查找到的相应仪表台班单价。
- 第Ⅸ栏填写第Ⅶ栏与第Ⅴ栏对应项的乘积。
- 第Ⅹ栏填写第Ⅷ栏与第Ⅸ栏对应项的乘积。

5．表四填写说明

（1）表四甲填表说明：

- 本表供统计本工程的主要材料、设备和工器具的数量和费用使用。
- 表格标题下面括号内根据需要填写主要材料、需要安装的设备或不需要安装的设备、工器具、仪表。
- 第Ⅱ、Ⅲ、Ⅳ、Ⅴ、Ⅵ栏分别填写主要材料、需要安装的设备或不需要安装的设备、工器具、仪表的名称、规格程式、单位、数量、单价。
- 第Ⅶ栏填写第Ⅵ栏与第Ⅴ栏对应项的乘积。
- 第Ⅷ栏填写主要材料、需要安装的设备或不需要安装的设备、工器具、仪表需要说明的有关问题。
- 依次填写需要安装的设备或不需要安装的设备、工器具、仪表之后还须计取下列费用：小计、运杂费、运输保险费、采购及保管费、采购代理服务费、合计。
- 用于主要材料表时，应将主要材料分类后按上一条要求计取相关费用，然后进行总计。

（2）表四乙填表说明：

- 本表供统计引进工程的主要材料、设备和工器具的数量和费用使用。
- 表格标题下面括号内根据需要填写引进的主要材料、需要安装的设备或不需要安装的设备、工器具、仪表。

● 第VI、VII、VIII和IX栏分别填写外币金额及折算人民币的金额，并按引进工程的有关规定填写相应费用。其他填写方法与表四甲基本相同。

6. 表五填写说明

（1）表五甲填写说明：

● 本表供统计国内工程计列的工程建设其他费使用。
● 第III栏根据《通信建设工程费用定额》相关规定填写。
● 第V栏根据需要填写补充说明的内容事项。

（2）表五乙填写说明：

● 本表供统计引进工程计列的工程建设其他费使用。
● 第III栏根据国家及主管部门的相关规定填写。
● 第IV、V栏分别填写各项费用所需计列的外币与人民币数值。
● 第VI栏根据需要填写补充说明的内容事项。

➡ 案例指导

一、通信线路绘图

1. 实训基础知识和基本技能要求

● 了解通信线路基础知识。
● 了解计算机绘图常用软件（AutoCAD）使用方法。
● 了解工程制图国家相关标准和规范。
● 了解工程制图的一般流程。
● 了解电信工程制图的方法和流程。
● 绘制通信线路工程路由图。
● 绘制通信线路工程线缆敷设图和其他相关图纸。
● 正确使用和派生线路工程制图符号。
● 合理、正确地安排图纸的内容和格式。

2. 实训方式和步骤

① 前期主要进行相关基础知识的讲解、学习和辅导，如工程制图国家相关标准与规范、图纸格式和内容安排等，学习并掌握电信工程制图和图形符号的知识、制图的一般过程。

② 进行集中上机，学习 AutoCAD 软件使用，掌握线路工程常用的 AutoCAD 命令、路由图和线缆敷设图的内容与绘制步骤，练习内容较少的图纸的绘制和设计，提高学生的主动性。

③ 给出一个包含路由图和线缆敷设图的图纸例子（内容可涉及较多的线路敷设方式），参照图 2-5，用 AutoCAD 绘制工程需求的工程线路图。让学生按照图纸的内容，完整地绘制老师给出的示例。练习主干线路工程图纸、配线线路工程图纸的主要内容绘制。要求学生对图纸层次分明、内容准确、符号规范、整体布局美观合理等要素有较好的把握。

④ 结合实习地的一个具体地理环境，练习线路工程图纸的设计绘制。例如，以所在校园区域的通信线路为对象，在老师的带领下进行校园通信电话线路网络的现场实地勘测，掌握电话通信

线路设计的第一手资料；确定电缆路由走向、敷设方式；绘出线路草图。

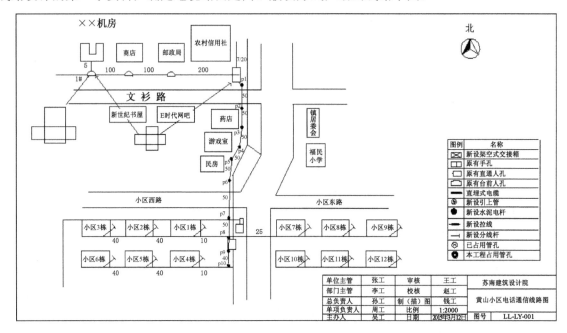

图 2-5　工程线路图

⑤ 用 AutoCAD 设计并绘制出相应的图纸。实训时主要以学生动手操作为主，发挥学生的主观能动性；最后进行讨论、讲评和总结。

二、通信管道工程工程量统计实例

本工程为某大学大楼综合布线配套光缆工程，为了满足建设单位宽带上网需要，本工程为其机房布放一条 12 芯光缆。

1. 工程条件

① 由 GJ0506 光交接箱沿管道布放一条 12 芯光缆至科技 09# 人孔，然后进入××大楼机房内光终端盒。

② 管道光缆留长共计 20 m。

③ 室内光缆段长 8 m，留长 0 m。

④ 光交接箱成端 3 m，损耗 2 m，留长 4 m。

⑤ 机房内成端 1 m，损耗 2 m，留长 8 m。

⑥ 本次工程不安装光交接箱法兰盘。

⑦ 设计图如图 2-6 所示。

⑧ 路由中共 9 个人孔，每个人孔均有积水。

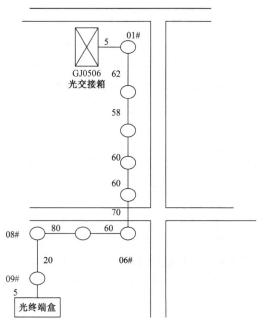

图 2-6　设计图

2. 工程量统计

① 光缆施工测量长度=5+450+20+5+8=488=4.88（100 米）。

② 敷设光缆人孔抽积水工程量=9（个）。

③ 人工敷设塑料子管（3 孔子管）长度=62+58+60+60+70+60+80+20=470 米=0.47 千米。

④ 人工敷设管道光缆长度（12 芯以下）=光缆施工测量长度。

⑤ 布放槽道光缆工程量=0.06（100 米条），在机房地板下。

⑥ 布放室内光缆工程量=2+1+2+8+3+2+4=0.022（100 米条）。

⑦ 穿放引上光缆 2 处（机房内、光交接箱）。

根据表 2-31 所示的工程量汇总表查预算定额，即可得出各工程量的技工工日、普工工日，主材统计表和主材汇总表略。之后可进行预算表格中的表三甲（建筑安装工程量预算表）、表三乙（建筑安装工程施工机械使用费预算表）、表四（器材预算表）的填写。

表 2-31　工程量汇总表

序　号	工程量名称	单　位	数　量
1	光缆施工测量	100 米	4.88
2	敷设光缆人孔抽积水	个	9
3	人工敷设塑料子管（3 孔子管）	1 000 米	0.47
4	人工敷设管道光缆（12 芯以下）	1 000 米条	0.488
5	布放槽道光缆	100 米条	0.06
6	布放室内光缆	100 米条	0.022
7	穿放引上光缆	处	2
8	光缆成端	个	24
9	中继段测试	个	1

三、通信工程设计方案编制

1. 实训基础知识和基本技能要求

● 通信工程基础知识。

● 通信工程制图常用图形符号。

● 计算机应用操作和 Office 办公应用软件操作。

● 通信线路施工图的识别和阅读。

● 概预算基本概念和理论结构。

● 熟练查阅和使用通信建设工程预算定额、费用定额及其他相关定额。

● 熟练统计线路工程量和材料。

● 熟练填写线路工程概预算表格。

● 熟练编写概预算编制说明，并熟悉通信线路工程概预算文本的格式。

2. 实训方式和步骤

● 简要复习通信线路基础知识，学习通信线路施工图的阅读方法。

- 学习概预算理论体系、概预算的作用与重要性、预算定额和费用定额的使用方法及概预算的基本编制流程。
- 工程量统计和材料计算的训练，概预算表三、表四的填写练习。
- 概预算定额查询与使用，表二和表五的填写练习。
- 进行概预算编制说明的编写训练并熟悉设计文本格式。
- 完成一个完整的线路工程概预算，并进行有针对性的讲解和总结。

➡ 实训作业

- 学习记录。
- 通信线路勘测记录。
- 通信线路绘图（电子文档或打印稿）。
- 通信工程预算表编制（用 Excel 编制空预算表）。
- 根据绘制的线路图，进行预算工程量统计（电子文档或打印稿）。

模块二　通信线路设计

➡ 理论基础

一、通信管道工程设计基础

通信管道与通信网的发展和城市规划的关系十分密切，其工程设计过程包括路由选择、地基处理、基础处理、平面设计、剖面设计等。

1. 路由选择

通信管道设计需要城市规划资料及各种地理资料，包括城市道路图纸、地下建筑资料、沿线房屋情况、土质和地下水情况。通信管道的路由测量可在 1:500～1:2 000 的规划图上作业，也可在现场测绘平面及高程图，确定管道的具体位置、段长及坡度，作为人孔位置与埋深的设计依据。

2. 地基处理

通信管道的地基是承受地层上部全部负荷的地层，按建设方式可分为天然地基和人工地基。承载能力强、可直接敷设管道的地基为天然地基。土质松散，须经人工加固的为人工地基。加固方法有表层夯实法、碎石加固法、沙垫层换土加固法、桩基加固法等。

3. 基础处理

基础是管道与地基之间的媒介结构。较稳定的土壤经夯实可承受通信管道建筑及上部负荷，但不稳定的土壤要做基础。基础的做法必须综合考虑土壤条件、管道材质及管道受压情况。

基础有灰土基础、混凝土基础、钢筋混凝土基础和三合土基础等。灰土基础是用消石灰和良好的细土按 3:7 的体积比混合而成的，铺 22～25 cm 厚，加适量水夯实。混凝土基础由水泥、沙、碎石、水按一定配比搅拌均匀而成，铺垫厚度约为 8 cm。钢筋混凝土基础是在水泥、沙、碎石、水按一定配比后，加入钢筋制成的，以增强其抗拉能力。

在进行工程设计时必须根据现场的土壤情况，对地基进行处理和选用合适的基础。表 2-32 给出了通信管道的地基处理方法。

表 2-32　通信管道地基处理方法

土壤类型	地基处理方法	基础选用
土壤密实度较差，土质情况复杂	表层夯实或碎石加固	混凝土基础
管道基础在地下水位以下，土质较差	碎石加固	混凝土基础
管道基础在地下水位以下，土质较好	夯实素土	混凝土基础
管道基础在地下水位以下，并处于冰冻层之中	碎石加固	钢筋混凝土基础

通信管道基础还应与管道材质相适应，常用管材有塑料管、钢管和水泥管三种。水泥管道常用基础有灰土基础、混凝土基础、钢筋混凝土基础。塑料管、钢管强度较高，一般不考虑设置基础。目前，通信管道一般采用塑料波纹管，管道基础一般设计为混凝土基础，厚度有 10 cm 和 8 cm 两种，对于土质较软的地段，采用混凝土基础加钢筋或者碎石垫层的方法。

4．平面设计

通信管道设计需要确定的参数，在管道设计中，需要画出管道平面施工图和管道断面施工图。

1）管道平面施工图的设计

在通信管道设计中，需要确定一些测量点，如起始点和终止点、管道拐弯点、手（人）孔点、地面高程突变点、过街点、与其他地下管线交越点等。

选择好需要测量的点后，就需要在图纸上确定这些点的具体位置，以便施工人员根据图纸找出这些点的位置，从而能够定点画线，确定管道的路由。可以通过测量点与人行道路牙的距离来确定，也可以选择两个固定的物体作为辅助测量标桩来确定，如图 2-7 所示。

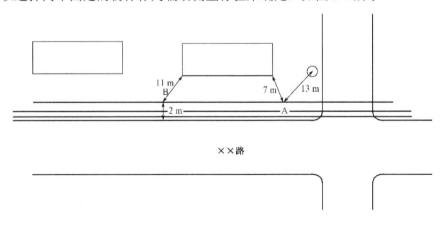

图 2-7　确定管道的路由

在确定这些测量点的相对位置后，测出它们之间的水平距离，从而确定各个手（人）孔之间的段长。

通信管道的平面设计主要包括管道位置、手（人）孔位置、通信管道段长等设计内容。

2）通信管道路由选择

在通信管道路由选择过程中，要充分了解城市全面规划和通信网发展动向，应与城建管理部门充分沟通、联系，并考虑城市道路建设及通信管道管网安全。通信管道路由选择的一般原则可归纳为以下几点：

- 符合地下管线长远规划，并充分利用已有的通信管道设备。
- 选择社区密集、各种业务集中、适应用户发展要求的街道。
- 尽量不在电信服务区域分界线周围建设主干通信管道。
- 选择供线最短、尚未敷设高等级路面的道路敷设通信管道，尽可能不在铁道、河流等地域敷设通信管道，不在重型车辆通行和交通极为频繁的地段敷设通信管道。
- 选择地上及地下障碍少、施工方便的道路敷设通信管道。
- 尽可能避免在电蚀或土壤腐蚀严重的地段敷设管道，必要时应采取防腐措施。
- 避免在狭窄的、过于迂回曲折的道路附近建设通信管道，避免在有流沙翻浆现象或地下水位甚高、水质不好的地区建设通信管道。
- 有新建的城市道路时，应考虑通信管道的建设。

3）通信管道埋设位置的确定

在已拟定的通信管道路由上确定通信管道的具体路由时，应和城建部门密切配合，并考虑以下因素：

① 通信管道敷设位置尽可能选择在原有管道或需要引出管道的同一侧，要设法减少引出管道和引上管道穿越道路和其他地下管道的机会，并减少管道和电缆的长度。条件受限制、通信管道必须建在车行道下时，尽量选择离中心线较远的一侧，或在慢道下建设，并尽量避开雨水管线。管道位置应尽量与架空杆路同侧，以便电缆引上和分支。

② 节约工程投资和有利于缩短工期。通信管道应尽可能建筑在人行道或绿化地带下，以减小对交通的影响；无明显的人行道界限时，应靠近路边敷设。这样做可使管道承受负荷较小、埋深较浅，降低工程造价（包括路面赔偿费等），有利于提高工效和缩短工期，也便于施工和维护。

③ 通信管道的中心线原则上应与房屋建筑红线或道路的中心线平行。遇有道路弯曲时，可在弯曲线上适当位置设置拐弯人孔，将其两端的通信管道取直。

④ 应考虑电信电缆管道、其他地下管道和建筑物间的最小净距，不应过于接近或重叠敷设。同时还应考虑到施工和维护时所需的间距，以及人孔和管道挖沟的需要，特别是在十字路口，还应结合其他地下建筑物情况，考虑其所占的宽度和间距，以保证施工。通信管道不宜紧靠房屋的基础。

⑤ 应尽可能远离对光（电）缆或通信管道有腐蚀作用的地带，如必须经过该种地带，应采取适当的保护措施。避免在待改建或废除的道路中建筑通信管道。

⑥ 充分考虑规划要求和现实条件的影响。当两者发生矛盾时，如规划要求管道修建的位置处尚有房屋建筑和其他障碍物（如树林、洼地等），目前难以修建或投资过大，可考虑选在车行道下或采用临时过渡性建筑。

4）通信管道与其他地下管道或建筑物的最小水平隔距

各种管道之间的距离都应保证大于一个最小值，以保证施工或维修时不致相互影响。通信管道与其他地下管道最小水平隔距见表 2-33，通信管道与其他建筑物及树木的最小水平隔距见表 2-34。

表 2-33　通信管道与其他地下管道最小水平隔距

管道名称	管道情况	最小水平隔距（米）
自来水管	管径为 150～300 mm	0.50
	管径为 300～500 mm	1.00
	管径为 500 mm 以上	1.50
直埋电力电缆	电压≤3.5 kV	0.50
	电压>3.5 kV	2.00
电力管道	电力电缆在管道中敷设	0.150
排水管	排水管道先施工	1.00
	通信管道先施工	1.50
热力管道	热力管道直埋在管道中	1.00
	热力管道直埋在管道中，通信管道为塑料管时	1.50
天然气管道	压力≤300 kPa	1.00
	压力为 300～800 kPa	2.00
其他通信光（电）缆		0.75

表 2-34　通信管道与其他建筑物及树木的最小水平隔距

相关建筑物名称		最小水平隔距（米）
道路边石		1.00
绿化树	乔木	1.50
	灌木	1.00
房屋建筑		1.50～1.80
地上杆柱		0.50～1.00
高压电力线支柱		3.00
电车路轨外侧		2.00

5）通信管道的段长

相邻两个人孔中心或手孔中心间的距离为通信管道的段长。段长增加，可减少人孔或手孔的数量，并缩短施工工期。

通信管道的段长受外界使用条件的限制和通信管道材质的影响。在实际使用中，在直线路由上，混凝土管道一般段长为 120～130 m，甚至小于 100 m，最大不宜超过 150 m。如果采用摩擦系数较小的塑料管等管材，直线管道段长可适当放宽到 200 m，甚至接近 250 m。如果是弯曲管道，其最大管道段长应小于直线管道。通信管道的段长在受外界使用条件的限制下，人（手）孔位置的选择条件如下：

① 光（电）缆线路的分支点、引上点、拐弯处、道路口或需要引入房屋建筑等地点，应设置

人孔或手孔，如城市十字路口是通信光（电）缆分支接续的地点，所以十字路口的隔距限制了通信管道的段长。

② 地下光（电）缆至交接区或配线区的供线必须在人孔中接续，因此进线点须考虑设置人（手）孔。

③ 在弯曲度较大的街道中，选择适当地点插入一个人（手）孔。

④ 在街道坡度变化较大的地方，为减少施工土方量，常在变坡点设置人（手）孔，如图 2-8 所示。

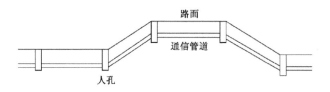

图 2-8　通信管道人孔位置

6）引上通信管道

主干光（电）缆在人（手）孔中经分支接续后，通过通信管道引出地面，与架空光（电）缆连接或沿墙壁敷设与墙壁光（电）缆相接，供用户使用。从人（手）孔中分支出光（电）缆的地点即引上点。

（1）引上点位置的选择：

① 引上点和通信管道同属于比较稳定的建筑装置，设计时应考虑日后发展的可能性，尽量避免拆迁。

② 引上点应选择在架空光（电）缆、墙壁光（电）缆或交接箱引入光（电）缆的连接点附近，可避免主干光（电）缆与配线光（电）缆间的回头线。引上点选择在人（手）孔附近，可减少引上通信管道的长度。

③ 在同一引上通信管道中设置的引上光（电）缆不宜超过两条。引上点的位置不应设在交通繁忙的路口，以免遭车辆和行人的碰撞。

④ 在公路两侧均设置地下通信管道时，其供线点应以公路为界，不允许引上通信管道往返穿越公路。在房屋或建筑物的墙外设引上通信管道时，引上点应尽量选择在比较隐蔽的侧墙或后墙沿。

（2）引上通信管道的设计要求。

由于引上通信管道具有管孔数目少，敷设距离短，埋设浅，所经路由情况比较简单，其中穿放的光（电）缆外径较小的特点，所以在设计时只在平面图中表示出引上点的位置及引上通信管道的长度即可，除穿越障碍有困难的情况以外，一般情况下不做剖面设计。

引上通信管道设计时应注意以下情况：

① 引上通信管道穿越公路时，应尽量垂直穿越。

② 引上点距人（手）孔较远，引上通信管道需要进行两个方向的拐弯时，可在适当地点插入人（手）孔。

③ 引上点位置与主干光（电）缆在同一侧，距离不远，在对剖面的影响不大的情况下，引上管可自人孔直接斜向引上。引上点在主干通信管道的同一侧，但引上点偏离通信管道剖面有一定

距离且剖面情况不允许引上通信管道自人孔斜向引上，则引上通信管道可在主干通信管道路由中敷设至一定位置，然后拐弯至引上点。

④ 引上通信管道中的光（电）缆进入人孔后，光（电）缆距空间顶部应不小于 20～40 厘米，引上通信管道从光（电）缆出土点向人（手）孔延伸应具有 0.3%～0.4% 的坡度，以便排出渗入管孔中的积水。

⑤ 从地下出土的弯头用 90° 的弯铁管或其他材质的弯管，弯管的半径不得小于管径的 10 倍。

⑥ 引上点管孔数一般不超过两根引上管的管孔数之和。预留管引出端应堵实，以免雨水和杂物进入管内影响日后使用。

5. 剖面设计

通信管道的剖面设计是通信管道设计的另一重点内容，在此环节要确定通信管道与人（手）孔的各个部分在地下的标高和深度，以及和其他管道交越时的相对位置及所采取的保护措施。

管道剖面施工图的设计是管道设计中很重要的一个环节，通过剖面图可以确定管道路由上的各点的具体挖深和埋深、与地下其他管道的相对位置、与起始测量点的距离、土质情况、坡度等参数。管道剖面图的示例如图 2-9 所示。

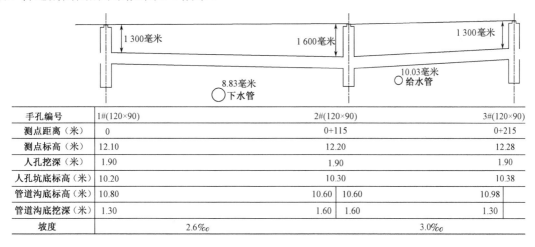

手孔编号	1#(120×90)		2#(120×90)		3#(120×90)
测点距离（米）	0		0+115		0+215
测点标高（米）	12.10		12.20		12.28
人孔挖深（米）	1.90		1.90		1.90
人孔坑底标高（米）	10.20		10.30		10.38
管道沟底标高（米）	10.80		10.60	10.60	10.98
管道沟底挖深（米）	1.30		1.60	1.60	1.30
坡度	2.6‰			3.0‰	

图 2-9 管道剖面图的示例

管道的高程是剖面设计的重要参数，所有的挖深均建立在高程这个数据上。高程有两种表示方法：绝对高程和相对高程，在道路规划设计图中常采用绝对高程。

在通信管道与其他地下管道交越处，首先根据地面的标高、管线的直径、管道的埋深来确定其他管道的高程、沟底标高等参数，从而决定通信管道在交越点的埋深。若两种管道之间的间距不符合要求，由于管道的施工有先后的次序，因此须改动上方管道的一些参数，如埋深、包封厚度、基础厚度等，对于埋深达不到要求的情况，可以考虑局部改变管道剖面的排列，或者加大管道包封的厚度以起到保护的作用。

1）通信管道和人（手）孔的埋深

通信管道的埋深取决于所在地段的土质、水文情况、地势、冰冻层厚度，以及与其他地下管道平行、交越和避让的要求，另外还和地面的负荷有关。它直接影响管道建筑本身的安全及施工的工程量。在保证管道质量的前提下，确定通信管道的埋深，应注意以下几点：

① 考虑通信管道施工时对邻近管道和建筑物的影响。如果离房屋较近，应考虑避免影响房屋基础，管道埋深可适当浅些。

② 考虑水位和水质的情况。在地下水位较高，且水质不好的地带，为了保证管道中电缆的安全和节约防水工程的费用，管道可适当浅埋。

③ 若路由表面的土壤由杂土回填而成，土质松软，稳定性较差，管道可埋深些，以减少地基及基础的处理费用。考虑冰冻层的厚度及发生翻浆的可能性，一般将通信管道建在冰冻线以下。如果地下水位很低，不致发生翻浆的现象，通信管道采取适当的措施则可以埋设在冰冻层中。

④ 如管道分期敷设时，应满足远期扩建管孔所需的最小埋深要求。

⑤ 同一街道中通信管道敷设的位置不同，其承载的负荷也不同。负荷小的地方，如绿化地带、人行道，管道埋深可浅些；在负荷大的车行道下应埋深些。

⑥ 管道所用的管材强度和建筑方式要求不同，埋深也不一样。不同管材允许的最小埋深见表 2-35。

表 2-35　通信管道最小埋深

管　材	路面至管顶的最小埋深（米）			
	人行道、绿化道下	车行道下	电气铁道轨道下	铁路轨道下
水泥管	0.5	0.7	1.7	1.5
塑料管	0.5	0.7	1.0	1.5
钢　管	0.2	0.4	0.7	1.2

注：钢管穿越电车轨道应采取沥青绝缘包封。表中数据是考虑光（电）缆管道采取包封后的要求。

⑦ 考虑道路改建等因素，通信管道的埋深应保证不因路面高程的变动而影响通信管道的最小埋深。设计时，应考虑在人孔口圈下垫三层砖，以适应路面高程的变动。

⑧ 人孔的埋深应与通信管道的埋深相适应，以便施工和维护。一般规定通信管道顶部或基底部分分别距人孔上覆或人孔底基面的净高不小于 0.3 米。引上通信管道的管孔应在人孔上覆以下 20～40 厘米处。

⑨ 与其他地下管道交越时，需要满足表 2-36 所列的最小垂直净距。为了满足管顶至路面的最小埋深，一般可采用改变管群组合所占剖面的高度；或采取适当的保护措施，如混凝土盖板保护或混凝土包封保护。但应注意管顶离路面的高度不得小于 30 厘米，并保证管孔进入人孔的相对高度。

表 2-36　通信管道与其他地下管道交越时的最小垂直净距

管道及建筑物名称		最小垂直净距（米）	附　注
给水管		0.15	
排水管	在通信管道下部	0.15	
	在通信管道上部	0.4	交越处包封，包封长度按排水管底宽两边各加长 2 米
热力管		0.25	小于 0.25 米时，在交越处加导热槽，长度按热力管两边各加长 1 米

续表

管道及建筑物名称		最小垂直净距（米）	附 注
天然气管		0.15	在交越处 2 米内不得有接合装置，通信管道包封为 2 米
其他通信光（电）缆、电力及电车电缆	直埋式	0.5	
	在管道中	0.15	
明沟沟底		0.5	穿越处包封，并伸出明沟两边各 3 米
涵洞基础底		0.15	
铁路轨底		1.5	
电气铁道轨底		1.1	

2）管道坡度的选择

为防止管孔内积水，管道应设计为具有一定的坡度，以使管孔内的积水可以流淌至手孔内，从而避免敷设的电（光）缆长期浸泡在水中，缩短使用寿命，影响工程效果。应定期维护，进行人（手）孔抽水。

管道坡度设计主要有一字形和人字形两种。一般情况下，地面的坡度走向与大小决定了管道的坡度方向和大小。当地面坡度较大时，通信管道坡度取一字形坡较多；当地面的坡度较小时，两种坡度方式均可选择。管道的坡度取向一般和地面坡度的方向一致，否则会出现在标高大的地方开挖深度过深的现象，对管道的施工、今后的维护带来极大的不便。

管道的坡度取值范围为 1‰～4‰，由于管道的各个段长不相同，从今后的维护角度出发，尽量将同一个人（手）孔两侧的管道沟底的标高设计为相同值。因此，将造成不同手孔两侧的坡度不尽相同。

3）管道的包封

目前，绝大多数通信管道已经采用塑料管，虽然塑料管与水泥管相比有许多优点，但其抗压性较差，因而管道的保护就显得更加重要。目前常采用的方法是水泥包封，即在排列的管孔断面四周形成 4 个 8～10 厘米厚的#150 水泥包封。

二、架空光缆线路工程设计基础

将光缆架设至杆上的敷设方法称为架空敷设。架空敷设的方法在市话中继线路和干线光缆线路中使用的比例不大，它主要应用于容量较小、地质不稳定、市区无法直埋且无电信管道的山区和水网等特殊地形，用于有杆路可利用，且受投资或器材的限制，又需要通信线路的临时性场合或方便撤除的省内二级干线、农话线路场合。

架空光缆线路工程设计的一般要求如下。

1. 杆路路由选择的原则

杆路路由是架空线路设计的基础，既要遵循城市发展规划的要求，又要适应用户业务需要并保证使用安全，具体勘测中应考虑以下因素：

● 杆路路由及其走向必须符合城市建设规划要求，根据街道形状自然取直、拉平。

● 通信杆路与电力杆路一般应避免平行架设，避免彼此间的往返穿插。

- 杆路应与其他设施及建筑物保持规定的隔距。
- 杆路应尽量不跨越仓库、厂房、民房；不得在醒目的地方，如空旷广场、风景游览区及城市建筑预留的空地上穿越。
- 杆路的任何部分不得妨碍必须显露的公用信号、标志及公共建筑物的显示。
- 杆路在城市中应避免用长杆或飞线过河，尽量在桥梁上采用支架或介入光缆通过。
- 杆路路由的建筑应结合实际、因地制宜、节省材料、减少投资。
- 杆路路由应避免在以下地方通过：有严重腐蚀性气体或排放污染性液体的地段；发电厂、变电站、大功率无线电发射台及飞机场边缘（用户电缆）；开山炸石、爆破采矿等安全禁区；地质松软的悬崖峭壁和易塌方的陡坡，以及易遭洪水冲刷的河岸或沼泽地；规划将来建造房屋、修筑铁路或公路及开挖或加宽河道的地方。

2. 电杆位置的勘定

电杆位置应根据已定的杆路路由，结合地形、地物等实际情况来勘定，按照以下要求来处理电杆位置：电杆位置必须能保证线路通畅、安全；不应妨碍交通和行人安全；不得影响主要建筑物的美观和市容；便于光缆引上、引入用户，并便于施工与维护；对于角杆、终端杆以及分线杆等的位置，应考虑有无设立拉线或撑杆的地方；在街道路口或分线处，电杆的设置应考虑线路转弯、引接或分支等措施能否符合技术规范的要求；现场不宜立杆，可将前后杆适当调整，或采取其他线路建筑方式。

3. 杆间距离

市话杆路的杆间距离（简称为杆距）应根据线路负荷、气象条件、用户下线、地形地物、今后通信发展预计、扩容及改建等因素确定。

在正常情况下，市区基本杆距为 35～40 米；郊区杆距为 40～45 米；引入用户的线路，杆距不应超过 35 米，但如果第一个支点很坚固，且易于维护，其杆距可允许增加到 40 米。

市区内采用钢筋混凝土电杆时，对于无冰和轻负荷区杆路，其杆距可增至 50 米；在中、重负荷区时，按 40～45 米考虑。杆距在轻负荷区超过 60 米，中负荷区超过 55 米，重负荷区超过 50 米时，应按长杆挡或飞线建筑标准架设。

4. 光缆与其他设施、树木、建筑等最小间距的要求

为了保证光缆及其他设施的安全，光缆线路除满足路由选择的有关规定外，还应保证光缆布放位置与地下管道设施、树木等有一定的间隔，其间距应符合表 2-37、表 2-38 的规定。

表 2-37 光缆与其他设施、树木等最小水平间距（单位：米）

名　　　称	间　　距	备　　注
消防栓	1.00	
铁道	4L/3	L 指地面杆高
人行道（边石）	0.50	
市区树木	1.25	
郊区、农村树木	2.00	

表2-38 光缆与其他建筑、树木等最小垂直间距（单位：米）

名 称	平 行 时		交 越 时	
	间 距	备 注	间 距	备 注
街道	4.50	最低缆线到地面	5.50	最低缆线到地面
胡同	4.50	最低缆线到地面	5.00	最低缆线到地面
铁路	3.00	最低缆线到地面	6.50	最低缆线到轨面
公路	3.00	最低缆线到地面	5.50	最低缆线到路面
土路	3.00	最低缆线到地面	4.50	最低缆线到路面
房屋建筑			距脊0.60，距顶1.50	最低缆线距屋脊或平顶
河流			1.00	最低缆线在最高水位时距船的最高桅杆顶
市区树木			1.50	最低缆线到树枝顶
郊区树木			1.50	最低缆线到树枝顶
通信线路			0.60	一方最低缆线与另一方最高缆线

5. 气象负荷区的划分

在架空线路设计中，架空的线路设备（如吊线）的各个组成部分，必须能承受冰凌、风等所造成的最大负荷。架空通信线路应根据不同的负荷区，采取不同的建筑强度等级。线路负荷区的划分应根据气象条件确定，如表2-39所示。

表2-39 负荷区的划分

气 象 条 件	负 荷 区 别			
	轻	中	重	超重
导线上冰凌等效厚度（毫米）	≤5	≤10	≤15	≤20
结冰温度（℃）	−5	−5	−5	−5
结冰时最大风速（米/秒）	10	10	10	10

6. 吊线设计

吊线抱箍距杆梢40～60厘米处，背挡杆吊线抱箍可以适当降低，吊挡杆抱箍可升高，距杆梢不得少于25厘米。第一道吊线与第二道吊线间距为40厘米。

第一道吊线应在杆路前进方向左侧，吊线位置不能任意改变。

吊线的背挡杆和吊挡杆达5米以上的应做辅助装置。100米以上的长杆挡吊线要做辅助拉线，跨越杆应做三方拉线，终端杆做7×2.6毫米的顶头拉线，超200米以上的长杆挡应采用飞线，跨越杆和终端杆的顶径应在19厘米以上。飞线跨距不能超过400米，否则应在中间立过渡中间杆。

8米以上角深的内角应做辅助线，角杆辅助线采用7×2.2毫米钢铰线，从吊线抱箍穿钉至距封口60厘米处，用2只U形钢卡（10厘米）封头，5～8米角深的内角吊线可用4.0毫米铁线绑扎辅助；8米以上角深、俯角、仰角的辅助线应与杆上主吊线采用相同规格的钢绞线作为辅助线，吊线接续应采用3.0毫米铁丝另缠。

7．拉线设计

拉线方位的角深一定要用皮尺测定，丈量角深应以 50 米（标准杆距）为测定依据。拉线（如终端拉线、顶头拉线、角杆拉线、顺线拉线）一律装设在吊线抱箍的上方，侧面拉线装设在吊线抱箍的下方，拉线抱箍与吊线抱箍间距为（10±2）厘米。第一道拉线与第二道拉线抱箍间距为 40 厘米。采用 7×2.2 毫米钢绞线作为主吊线，角深在 7.5 米以下，拉线应采用 7×2.6 毫米钢绞线；角深在 7.5 米以上，拉线应采用 7×2.6 毫米钢绞线；无论角深大小，顶头拉线都用 7×2.6 毫米钢绞线。15 米以上角深的角杆，应做人字拉线，拉线距离比为 1:1；防风拉线为 8 根电杆设 1 处，四方拉线一般为 32 杆左右设 1 处；四方拉线必须做辅助线装置。

8．钢柄地锚的选用

钢柄采用 1 800 毫米×12 毫米、2 100 毫米×16 毫米等规格；地锚石采用水泥制 600 毫米×400 毫米方块或 800 毫米×400 毫米方块。凡角杆顺线拉线应当用 2 100 mm×16 mm 钢柄，防风拉线侧面拉线应当用 1 800 毫米×12 毫米钢柄，特殊杆应当用 2 400 mm×20 mm 钢柄，钢柄地锚出土高度为 20～50 cm，角杆拉线钢柄地锚出土方位允许偏差为±5 cm，其他钢柄地锚出土方位允许偏差为±10 cm。八字拉线钢柄地锚出土方位应比采用其他钢柄地锚时向内移 60～70 cm；埋设钢柄地锚斜口要深、要斜，上部拉线与钢柄成直线，回土要夯实，吊板拉线钢柄地锚原则上用混凝土浇筑。

9．高拉桩、撑杆、吊板拉

高拉桩杆梢应向拉线合力方向反侧倾斜 60～80 cm，副拉线包箍距杆梢不少于 25 cm，正拉线与地面保持合理的高度。不得在角深 7 m 以上的角杆上装设撑杆，撑杆应该设在角杆内角平分线上，撑杆杆根埋深应为 40～60 cm。

➡️ 案例指导

一、通信管道工程设计实例

1．设计说明

1）设计依据

① 中国××公司与××通信工程设计研究院签署的《关于中国××公司××小区通信管道工程设计的备忘录》。

② 中国××公司发布的《2005 年年度基础网络建设综合规划》。

③ 设计单位对××小区的情况调查和现场勘测资料。

④ 《通信建设工程预算定额》第 5 册《通信管道工程》。

⑤ 1991 年 2 月原邮电部颁布的《电信工程设计手册》（公用网）。

⑥ 有关供货厂家的报价及相关工程的合同价。

2）工程概述

本工程是为了适应城市生活小区的发展而进行的。根据建设单位的意见，在××小区修建通信管道，其中主干通信管道为 6 孔，采用水泥管敷设，分支通信管道为 2 孔，并敷设至楼边或单元楼内，采用塑料管管道。穿越小区公路的主干通信管道采用钢管管道。共修筑人（手）孔 31 个，

6 孔水泥管道长为 0.26 km，2 孔塑料管道长为 0.637 km。总投资为 151 847.19 元，平均每孔千米综合造价为 53 580 元。

3）设计内容、范围及分工

（1）设计内容及范围：

● 小区内通信管道。

● 特殊地段的防护。

（2）设计分工。小区通信机房进线管、通信管道及人（手）孔由本工程设计方负责建设。

4）设计文件的组成

中国××公司××小区通信管道工程为一阶段设计，设计内容包括通信管道路由方案、主要工程量、安装标准、设计措施、施工要求、工程预算、施工图纸等。

5）主要工程量

主要工程量见表 2-40。

表 2-40　主要工程量表

序　　号	项 目 名 称	单 　位	数 　量
1	施工测量（通信管道）	100 m	9.01
2	开挖土方及石方（硬土）	100 m³	8.70
3	回填土方	100 m³	7.59
4	挡土板 人孔板	个	2.00
5	混凝土管道基础　（460 mm）150#	100 m	2.30
6	敷设水泥管道	100 m	2.30
7	敷设塑料管管道 2 孔（2 孔×1）	100 m	6.37
8	敷设塑料管管道 6 孔（3 孔×2）	100 m	0.02
9	敷设镀锌钢管管道 6 孔（3 孔×2）	100 m	0.32
10	通信管道混凝土包封（100#）	m³	4.20
11	砖砌人孔（小号直通型）	个	1.00
12	砖砌手孔（90 mm×120 mm）	个	20.00
13	砖砌手孔（120 mm×170 mm）	个	10.00
14	人工敷设塑料子管（3 孔）	1 000 m	0.16

6）工程施工技术和材料选型要求

（1）通信管道路由：

① ××小区通信管道路由选择原则：选择供线最短、尚未敷设路面的道路敷设通信管道；选择地上及地下障碍少、施工方便的道路建设通信管道。

② ××小区通信管道路由方案：主干通信管道由小区大门外公路南侧中国电信线杆处开始新建人孔，向北延伸至 2#楼北侧，然后向西延伸至小区南北公路西侧，并向北延伸至 10#楼东侧，各单元楼分支通信管道分别从主干通信管道就近延出。

（2）通信管道建筑用的管材及其规格。本工程主干通信管道采用 6 孔水泥管管道，分支通信管道采用 ϕ10 mm 塑料管管道，跨越公路的主干通信管道用 ϕ100 mm 的镀锌钢管。

（3）通信管道基础：

① 通信管道沟地基处理：本小区土壤为密实的沙土，地下水位很低，通信管道沟只进行平整即可。

② 通信管道基础的建筑：本工程钢管通信管道采用顶管技术，不用建筑管道基础；塑料管管道建筑 15 cm 厚的三七灰土基础；水泥管管道先做 15 cm 厚的三七灰土基础，然后用 200#水泥做 8 cm 厚的基础。

（4）通信管道的建筑：

① 水泥管管道。水泥管块的规格要求：水泥管块要经过浸水养护脱去氢氧化钙后才可使用；水泥管块应完整，无缺棱短角，管孔的喇叭口圆滑，内壁光滑；试块抗压强度不低于 10 780 kPa；单节水泥管块外形尺寸（长×宽×高）为 600 mm×360 mm×250 mm，标称孔径为 6 mm×90 mm，重量为 62 kg。

敷设水泥管道的质量要求：水泥管管块按底 3 孔、高 3 孔放置；管块连接间隙不大于 0.5 cm，管块与基础间垫层厚 1.5 cm，垫层沙浆饱和度达 95%以上，不允许出现凹心，不得用硬物垫水泥管块边角；管顶缝、管边缝及管底八字均用 1:2.5 的水泥沙浆抹缝，要求严实饱满。

水泥管块接续方法：采用平口抹水泥沙浆接续法。接续时，应在水泥管块的对角管孔用两根圆柱形拉棒随铺管前进方向试通管孔，拉棒外径比管孔直径小 3～5 mm，拉棒长度为 1.2～1.5 m。

② 钢管管道。敷设钢管管道的质量要求：6 孔钢管管道按底部 3 孔、上部 3 孔放置；同层钢管间距为 5 cm，上下层钢管间距为 10 cm；钢管管口内侧磨圆并锉平。

钢管管道的接续要求：先将钢管管口套丝，做成圆锥形的外螺纹，然后磨圆或锉平管口内侧，在待接续的两根钢管管口的外螺纹上缠绕麻丝或石棉并涂抹白铅油，最后与管箍丝扣连接。

③ 塑料管管道的接续要求。将塑料管密封圈套入塑料管密封圈槽口，插接另一根待接续的塑料管即可。

（5）人（手）孔建筑要求。小区外引接通信管道人孔为小号直通人孔，其他主干通信管道路由上采用大号手孔。分支通信管道路由上建筑小号手孔即可。人（手）孔基础建筑要求：设置于公路下的人孔做钢筋混凝土基础，其他用素混凝土做基础。

2. 预算部分

1）编制依据

① 中国××公司与××通信工程设计研究院签署的《关于中国××公司××小区通信管道工程设计的备忘录》。

② 有关供货厂家的报价及相关工程的合同价。

③ 文件（信部规[2000]1219 号）《关于发布〈通信工程建设监理费计费标准规定（试行）〉的通知》。

④ 《通信建设工程预算定额》第 5 册《通信管道工程》。

⑤ 原邮电部发布的《关于发布〈通信建设工程类别划分标准〉的通知》。

⑥ 原邮电部发布的《关于发布〈明确通信建设工程概、预算中流动施工津贴标准〉的通知》。

⑦ 国家计委、建设部发布的计价字[2002]10 号文件，《关于发布〈工程勘察设计收费标准〉的通知》。

2）编制说明

本工程为中国××公司××小区通信管道工程，共修筑人（手）孔 31 个，6 孔水泥管管道 0.264 km，2 孔塑料管管道 0.637 km。总投资为 214 457.78 元。

（1）有关单价、费率及费用的计取：

① 本工程施工企业为四级单位，企业管理费费率定为 30%。

② 建设单位管理费按不成立筹建机构计取。

③ 施工队伍及施工机械调遣里程按 26 km 以内计取。

④ 本工程钢材、木材及木制品运杂费按 100 km 计取，塑料及塑料制品、水泥及水泥制品运杂费按 100 km 计取。

⑤ 勘察设计费的计取：

$$勘察费=[1\ 000+(0.90l-0.2)\times3200]\times80\%=2594.56（元）$$
$$设计费=171\ 545.83\times4.5\%\times80\%\approx6\ 175.65（元）$$

合计：8 770.21 元。

（2）投资分析。本单项工程总投资为 214 457.78 元。投资分项比例为：主材费 62 496.82 元，占总投资 29.14%；工程建设其他费 8 770.21 元，占总投资 4.09%；工程预备费 5 889.12 元，占总投资 2.75%。

总工日为 1 156.24 工日，其中技工工日：293.65 工日；普工工日：862.59 工日。

（3）预算表：

● 预算总表（表一），见表 2-41。

● 建筑安装工程费预算表（表二），见表 2-42。

● 建筑安装工程量预算表（表三甲），见表 2-43。

● 建筑安装工程施工机械使用费预算表（表三乙），见表 2-44。

● 国内器材预算表（表四甲），见表 2-45。

● 工程建设其他费用预算表（表五甲），见表 2-46。

（三）图纸部分

● ××小区通信管道施工图：0331S-GD01，见图 2-10。

● 小号直通型人孔装置图：Y48RK-3-1（A）（略）。

● 小号直通型人孔上覆钢筋图：Y48RK-3-1（B）（略）。

● 大号手孔装置及上覆钢筋图：Y71SK01（A）（略）。

● 小号手孔装置及上覆钢筋图：TY72SK02（略）。

● 管道横断面图：TY56（略）。

工程名称：×××小区通信管道工程

表2-41 预算总表（表一）

序号	预算表编号	费用名称	国内器材购置费	工程机械使用费	建筑安装工程费	其他费用	预备费	总价值		其中外币（ ）
					（元）			人民币（元）		
Ⅰ	Ⅱ	Ⅲ	Ⅳ	Ⅴ	Ⅵ	Ⅶ	Ⅷ	Ⅸ		Ⅹ
1	表二：XL-GCF	建筑安装工程费			137 236.71			137 236.71		
2	表三乙：XL-SX	建筑安装工程机械使用费		64.92				64.92		
3	表四甲：XL-ZC	国内器材购置费	62 496.82					62 496.82		
4	表五甲：XL-QT	工程建设其他费				8 770.21		8 770.21		
		小计	62 496.82	64.92	137 236.71	8 770.21		208 568.66		
5		预备费					5 889.12	5 889.12		
		小计					5 889.12	5 889.12		
		合计	62 496.82	64.92	137 236.71	8 770.21	5 889.12	214 457.78		

负责人：张工　　　　　审核：王工　　　　　编制：李工　　　　　编制日期：2010年6月

表2-42　建筑安装工程费预算表（表二）

工程名称：××小区通信管道工程　　　　建设单位：中国××公司　　　　表格编号：XL-GCF　　　　第　页

序号 I	费用名称 II	依据和计算方法 III	合计（元）IV	序号 I	费用名称 II	依据和计算方法 III	合计（元）IV
一	建筑安装工程费	一+三+四	137 236.71	8	夜间施工增加费	人工费×3.0%	876.00
（一）	直接费	（一）+（二）	102 893.87	9	冬雨季施工增加费	人工费×2.0%	584.00
（一）	直接工程费	1+2+3+4	91 943.84	10	生产工具用具使用费	人工费×3.0%	876.00
1	人工费	（1）+（2）	29 200.07	11	施工用水电蒸气费		
[1]	技工费	技工工日×48元	12 810.77	12	特殊地区施工增加费		
[2]	普工费	普工工日×19元	16 389.30	13	已完工程及设备保护费		
2	材料费	（1）+（2）	62 684.31	14	运土费		
[1]	主要材料费	国内器材预算表	62 496.82	15	施工队伍调遣费		
[2]	辅助材料费	主要材料费×0.3%	187.49	16	大型施工机械调遣费		
3	机械使用费	表三乙	59.45	二	间接费	（一）+（二）	18 104.05
4	仪器仪表费	表三丙	0.00	（一）	规费	1+2+3+4	9 344.02
（二）	措施费	1~16之和	10 950.03	1	工程排污费		
1	环境保护费	人工费×1.5%	438.00	2	社会保障费	人工费×26.81%	7 828.54
2	文明施工费	人工费×1.0%	292.00	3	住房公积金	人工费×4.19%	1 223.48
3	工地器材搬运费	人工费×5.0%	1 460.00	4	危险作业意外伤害保险费	人工费×1%	292.00
4	工程干扰费	人工费×6.0%	1 752.00	（二）	企业管理费	人工费×30%	8 760.02
5	工程点交、场地清理费	人工费×5.0%	1 460.00	三	利润	人工费×30%	8 760.02
6	临时设施费	人工费×5.0%	1 460.00	四	税金	（一+二+三）×3.41%	4 424.75
7	工程车辆使用费	人工费×6.0%	1 752.00				

负责人：张工　　　　编制：王工　　　　审核：王工　　　　编制：李工　　　　编制日期：2010年6月

表2-43　建筑安装工程量预算表（表三甲）

工程名称：×××小区通信管道工程　　建设单位：中国××公司　　表格编号：XL-SB　　第　页

序号 I	定额编号 II	项目名称 III	单位 IV	数量 V	单位定额值（工日）技工 VI	单位定额值（工日）普工 VII	合计值（工日）技工 VIII	合计值（工日）普工 IX
1	TGD1-001	施工测量（通信管道）	km	0.901	0.3		0.2703	0
2	TGD1-003	人工开挖路面（250 mm 以下）	100 m²	0.19	16.16	104.8	3.0704	19.912
3	TGD1-016	开挖土方及石方（硬土）	100 m³	8.7		43	0	374.1
4	TGD1-022	回填土方	100 m³	7.59		26	0	197.34
5	TGD1-030	挡土板人孔坑	个	2	1.72	1.72	3.44	3.44
6	TGD2-002	混凝土管道基础　一平型（460 mm）150#	100 m	2.3	2.78	4.18	6.394	9.614
7	TGD2-044	铺设水泥管管道　一平型	100 m	2.3	4.72	7.08	10.856	16.284
8	TGD2-061	铺设塑料管管道 2 孔（2×1）	100 m	6.37	1.12	1.68	7.1344	10.7016
9	TGD2-064	铺设塑料管管道 6 孔（3×2）	100 m	0.02	3.04	4.56	0.0608	0.0912
10	TGD2-079	铺设镀锌钢管管道 6 孔（3×2）	100 m	0.32	3.46	5.2	1.1072	1.664
11	TGD2-089	通信管道混凝土包封（100#）	m³	4.2	1.74	1.74	7.308	7.308
12	TGD3-001	砖砌人孔小号直通型	个	1	9.99	12.2	9.99	12.2
13	TGD3-054	砖砌手孔（90×120）	个	20	6.4	6.14	128	122.8
14	TGD3-055	砖砌手孔（120×170）	个	10	8.67	8.33	86.7	83.3
15	TGD2-062	人工敷设塑料子管（3 孔）	100 m	1.6	1.6	2.4	2.56	3.84
		合计					293.65	862.59

负责人：张工　　　　　　　　审核：王工　　　　　　　　编制：李工　　　　　　　　编制日期：2010 年 6 月

表2-44　建筑安装工程机械使用费预算表（表三乙）

工程名称：××小区通信管道工程　　建设单位：中国××公司　　表格编号：XL-SX　　第　页

序号	定额编号	项 目 名 称	单 位	数 量	机 械 名 称	单位定额值		合计值	
						数量（台班）	单价（元）	数量（台班）	单价（元）
Ⅰ	Ⅱ	Ⅲ	Ⅳ	Ⅴ	Ⅵ	Ⅶ	Ⅷ	Ⅸ	Ⅹ
1		人工开挖路面（混凝土250 mm以下）	100 m²	0.190	路面切割机	0.700	230.13	0.13	30.61
2		人工开挖路面（混凝土250 mm以下）	100 m²	0.190	空气压缩机	0.700	257.99	0.13	34.31
								0.00	0.00
								0.00	0.00
								0.00	0.00
								0.00	0.00
								0.00	0.00
								0.00	0.00
								0.00	0.00
								0.00	0.00
								0.00	0.00
								0.00	0.00
								0.00	0.00
								0.26	64.92

负责人：张工　　审核：王工　　编制：李工　　编制日期：2010年6月

通信工程综合实训（第3版）

表 2-45　国内器材购置费预算表（表四甲）

工程名称：×××小区通信管道工程　建设单位：中国××公司　　表格编号：XL-ZC　　第　页

序号	名称	规格程式	单位	数量	单价（元）	总价（元）	备注
1	普通碳素钢热轧圆钢	φ6	kg	40	2.85	114	Ⅷ
2	普通碳素钢热轧圆钢	φ8	ks	40	2.85	114	
3	普通碳素钢热轧圆钢	φ10	kg	170	2.95	501.5	
4	普通碳素钢热轧圆钢	φ12	kg	160	2.95	472	
5	普通碳素钢热轧圆钢	φ14	kg	35	2.95	103.25	
6	镀锌钢管	φ100	kg	2200	3.88	8 536	
7	管箍	φ110	个	40	45	1 800	
8	车行道人孔口圈		套	31	390	12 090	
9	光电缆托架	60 mm	1 000 kg	119	9.8	1 166.2	
10	光电缆托架	120 mm	个	8	18	144	
11	托架穿钉	M16m	个	254	2.7	685.8	
12	积水罐（带盖）		套	31	25	775	
13	拉力环		个	64	13.5	864	
14	镀锌铁线	φ1.5	kg	1	5.1	5.1	
15	镀锌铁线	φ4	kg	5	5.1	25.5	
16	PVC 双波纹管	φ110	根	222	52.8	11 721.6	
17	密封胶圈	φ110	个	240	0.65	156	
18	落叶松板方材Ⅲ等	长 5～5.8 m，厚 25～30 mm	m³	1	1 200	1 200	
19	机制红砖	240 mm×115 mm×53 mm（甲级）	千块	28	110	3 080	

续表

序号	名　称	规格程式	单　位	数　量	单价（元）	总价（元）	备注
20	6孔水泥管		块	400	9.50	3 800	
21	沙子		m³	47	36	1 692	
22	碎石	0.5～3.5 cm	m³	34	46	1 564	
23	普通硅酸盐水泥	325#	t	20	248	4 960	
24	小计					55 569.95	
25	供销部门手续费（小计×1.8%）					1 000.26	
26	采购及保管费（小计×2.8%）					1 555.96	
27	保险费（小计×0.10%）					55.57	
28	运杂费（1～15）×3.6%					986.23	
29	运杂费（16～17）×4.3%					510.74	
30	运杂费（18）×8.4%					100.8	
31	运杂费（19～23）×18%					2 717.28	
	合计					62 496.82	

负责人：张工　　　　　审核：王工　　　　　编制：李工　　　　　编制日期：2010年6月

表2-46 工程建设其他费用预算表（表五甲）

工程名称：×××小区通信管道工程　　建设单位：中国××公司　　表格编号：XL-QT　　第　　页

序号	费用名称	计算依据及方法	金额（元）	备注
I	II	III	IV	V
1	建设用地及综合赔补费			
2	建设单位管理费	工程费×1.5%		
3	可行性研究费			
4	研究试验费			
5	勘察设计费	勘察费+设计费	8 770.21	
	1）勘察费		2 594.56	
	2）设计费	工程费×4.5%	6 175.65	
6	环境影响评价费			
7	劳动安全卫生评价费			
8	建设工程监理费			
9	安全生产费	建筑安装工程费×1%		
10	工程质量监督费	建筑安装工程费×0.1%×70%		
11	工程定额测定费	建筑安装工程费×0.14%		
12	引进技术及引进设备其他费			
13	工程保险费			
14	工程招标代理费			
15	专利及专利技术使用费		计价格[2001]585号文	
	总计			
16	生产准备及开办费（运营费）		8 770.21	

负责人：张工　　　审核：王工　　　编制：李工　　　编制日期：2010年6月

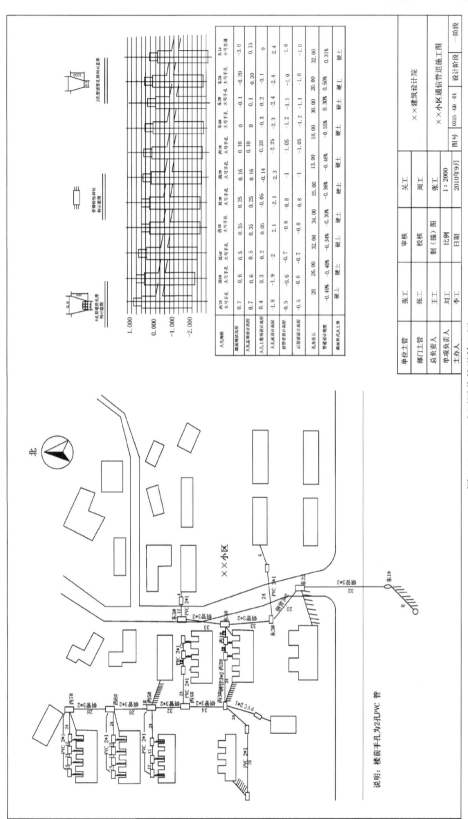

图2-10　××小区通信管道施工图

二、光缆架空线路设计实例

下面为××地区农话通信本地传输网的光缆线路工程设计实例。封面如下：

光缆线路工程

一阶段设计

主　　管：×××

设计负责人：×××

单项负责人：×××

概预算审核人：×××　　　　证号：TJⅡ-××

概预算编制人：×××　　　　证号：B-SNX-×××

（一）说明部分

1．设计依据

（1）××市电信局通信工程处农话办致我公司的设计委托书。

（2）铜山分局提供的相关地形图纸、规划及统计资料。

（3）勘察设计人员现场勘察、收集整理的资料。

（4）原邮电部发布的有关设计规范及施工规范。

2．设计范围及设计阶段

1）设计范围

本单项工程设计范围是××区龙山经西南等村至凤水光缆线路工程。

2）设计阶段

本单项工程设计为一阶段设计。

3．工程概况

本工程途经龙山分局范围内的河东、西南、凤水3个自然村落，位于龙山东15 km，北临××国道，主干光缆线路约6 km，敷设途经主要地形为丘陵。随着当地经济的发展，原有的农话装机容量已无法满足用户的需求。为解决上述问题，市局决定对龙山分局龙山至凤水的线路进行改造。主要改造内容是在凤水新建ONU基站，在龙山至凤水之间新架光缆线路。

本工程线路在原有的架空杆路基础上，部分拆除旧电缆，新架光缆。光缆由龙山布放至凤水，经与建设单位商定，光缆采用6芯光缆GYSTS-6D。

4．主要工程量

（1）在原有水泥杆路的基础上，架设架空吊线3.703千米条。

（2）设立各种拉线27根。

（3）布放6芯光缆5.268 km。

5．材料选型及施工技术要求

（1）杆路材料以8 m水泥杆为基本电杆，特殊地段选用了8 m以上的水泥杆。

（2）光缆接头盒、光缆及光终端设备均选用国产材料和设备。

（3）光缆线路施工技术要求：

● 架空光缆可适当在杆上做伸缩预留，根据龙山地区的气象条件（轻负荷区），可考虑每隔 3 挡～5 挡设一 "Ω" 形光缆预留。杆上有光缆伸缩预留的电杆中心部位应采用聚乙烯软管保护，预留宽度为 1.5～2 m，伸缩预留两侧用皮线捆扎。应注意不要捆扎死，以便在气温变化时能伸缩，起到保护光缆的作用，并且应选择可预留杆挡位置，以便线路维护。

● 龙山地区属于雷电区，架空光缆应按设计规定设立防雷设施。所有的新设拉线与吊线相连并接地，交越高压线路时，单设延伸地线，避雷针或延伸式地线按规范从杆芯引出，做完后以水泥封顶。与动力明线交越时，要采用 PVC 护套保护。

● 架空光缆的架设采用挂钩挂设，光缆、电缆同杆路时，应分别挂设。P41～P70 杆路中电缆需要拆除，布放光缆时，光缆可以附挂在上面，此段线路不用架设 7×2.2 吊线。

● 架设光缆每隔 10 挡及每个光缆接头做一个光缆接头预留，可考虑将架空预留与接头预留做在一处，光缆预留长度为 8～12 m。光缆预留架应安装牢固，捆扎可靠，外表面防锈层应完整，无剥落现象。

● 架空吊线每隔 1 km 做一处 "电气隔断"，以提高整个线路对电磁感应的防护能力及分段绝缘能力。

（4）进局光缆：

● 本工程进局光缆采用普通型进局光缆，为了保证光缆及机房、设备的安全，进局的光缆外表面均采用聚苯乙烯材料缠绕，以便防火阻燃。

● 进局光缆的预留长度为 15～20 m，预留点可根据局所的具体情况，或在站内，或在站外，或在机房内地板下，只要满足美观、安全要求即可。

（5）光终端设备的安装。光终端盒的安装位置在光端机上方走线架上，采取尼龙带绑扎固定。配线架的安装位置由建设单位指定。

6. 光缆线路传输指标及相关技术要求

1）本期工程中继段光功率预算

本期工程中继段光功率预算见表 2-47。

表 2-47　龙山至凤水中继段光功率预算

序　号	项　　目	单　位	数　值
1	中继段长度	km	6
2	允许损耗	dB/km	28
3	中继段光缆衰减	dB/km	≤0.36
4	总色散功率代价	dB	2
5	线路光功率余度	dB	3
6	活接头损耗	dB	1
7	接头损耗	dB	0.8
8	光纤衰减	dB	2.4
9	预算中继段损耗	dB	10.2
10	段内光功率余量	dB	17.8

2）传输指标

计算光传输中继段距离时，必须考虑衰减受限距离及色散受限距离的影响：

$$L=(P_{sr}-D_s-M_c-A_c-P_p)/(A_f+A_s)$$

式中，L 为光传输中继段距离；P_{sr} 为允许损耗；D_s 为设备富余度，取 3 dB；M_c 为线路富余度，可取 0.05～0.1 dB，在一个中继段内，线路富余度不宜超过 5 dB，一般计算距离小于 30 km 时取 0.1 dB，大于 30 km 时取 3 dB；A_c 为连接器衰减之和，包含 S 和 R 点间除设备连接器 C 以外的其他连接器（如 ODF 等）衰减，对于 ODF：FC 型平均 0.8 dB/个，PC 型平均 0.5 dB/个，一般取 1 dB；P_p 为光通道代价，由于设备时间效应（设备的老化）和温度因素，光通道代价也包括注入光功率、光接收灵敏度和连接器衰减之和等，一般取 1 dB 或 2 dB；A_f 为光纤衰减系数（波长为 1 310 nm 时取 0.36 dB/km，波长为 1 550 nm 时取 0.22 dB/km）；A_s 为固定接头平均衰耗，取 0.04 dB/km。

本工程最大中继段长度为：

$$L_{MAX}=(28-3-3-1-2)/(0.04+0.36)$$

3）光纤

光缆中的光纤使用 ITU-TG.652 推荐的单模光纤，其模场直径：(9.30±0.5) nm（1 310 nm 波长）；(10.50±1.0) nm（1 550 nm 波长）；包层直径标称值：(125±2) m；模场同心度偏差不大于 1 m；包层不圆度小于 2%；截止波长小于 1 260 nm（20 m 光缆+2 m 光纤测试）或在 1 100～1 280 nm 之间（在 2 m 光纤上测试）。对光纤的衰减系数要求为：

（1）1 310 nm 波长对应的最大衰减系数：Ⅰ级：0.36 dB/km；Ⅱ级：0.40 dB/km。

（2）在 1 228～1 310 nm 波长范围内，任意波长对应光纤的衰减系数与 1 310 nm 波长对应的衰减系数之差不应超过 0.03 dB/km。

（3）1 550 nm 波长对应的最大衰减系数：Ⅰ级：0.22 dB/km；Ⅱ级：0.25 dB/km。光纤在 1 550 mn 波长上的弯曲衰减特性要求为：以 37.51 mm 的弯曲半径，松绕 100 圈后，衰减增加值应小于 0.5 dB；光纤的色散要求为：零色散波长范围为 1 300～1 324 nm，最大零色散斜率不大于 0.093 ps/nm·km，在 1 288～1 339 nm 波长范围内色散不大于 3.5 ps/nm·km，1 550 nm 波长对应的色散系数不应大于 18 ps/nm·km。

光纤的筛选拉力为：一次涂覆光纤必须全部经过拉力筛选，筛选拉力不应小于 5 N，加力时间不少于 1 s，光纤延伸率应小于 0.58%；光纤应有识别光纤顺序的颜色标志，其着色应不迁染，不褪色；光纤衰减温度特性（与-20 ℃环境下的光纤数据比较）为：-20～+60 ℃光纤衰减不变；-30～+70 ℃光纤衰减不大于 0.05 dB/km，温度循环试验后温度恢复到 20 ℃，应无残余附加衰减。

4）光缆

缆芯应为松套结构，缆芯内及松套管内应充满填充化合物，中心加强件为金属加强芯，缆芯不设置铜线。采用纵皱纹钢带—聚乙烯粘结外护套结构，要求：

● 外 PE 厚度：标称值≥2.0 nm，平均值≥1.9 nm，最小值≥1.8 nm。

● 铝带或钢带之间的搭接宽度>5 nm。

● 铝带或钢带之间的粘接强度<1.4 N/mm。

● 铝带或钢带厚度≥0.05 nm。

● 涂塑层厚度≥0.05 nm（每面）。

在光缆承受长期拉力和侧压力的情况下，光缆内的光纤应不受力，波长在 1 310 nm～1 550 nm 之间时损耗应无变化，其光缆延伸率不应超过 0.15%，拉力取消后光缆延伸率应恢复为 0。

光缆打弯半径要求为：受力时（敷设中）打弯半径为光缆外径的 20 倍，不受力时（敷设后固定）打弯半径为光缆外径的 10 倍。

光缆的温度要求为：

● 工作时：−40～+65 ℃。

● 敷设时：−30～+60 ℃。

● 运输、储存时：−50～+70 ℃。

光缆外护套绝缘要求为：在光缆浸水 24 h 后测试，外护套内金属铠装与大地间的电阻率应大于 2 000 MΩ·km（直流 500 V 电压测试）。

耐压光缆强度要求为：在光缆浸水 24 h 后，外护套内铠装与大地间，施加不小于 15 kV（DC）的电压时，应能保证 2 min 内不击穿。

光缆盘长及偏差要求为：光缆盘长为 2 010～3 280 m 之间，盘长的负偏差为零；盘长不大于 2 000 m 时正偏差不大于 100 m，盘长不大于 3 000 m 时正偏差不大于 150 m。

光缆外护套上应有间隔 1 m 的长度标志、光缆型号、生产厂家名称。光缆在承受"长期允许张力"的情况下，光缆延伸率应不大于 0.2%；同时，光缆内每根光纤的延伸率及附加衰减应为零；承受"短期允许张力"时，光缆中光纤延伸率不大于 0.15%，张力解除后，每根光纤的衰减不应有变化。光缆在承受"长期允许侧压力"的情况下，光缆内每根光纤衰减不应有变化，护层不应破损。

（二）预算部分

1．编制依据

● 《通信建设工程概算、预算编制办法》。

● 《通信建设工程费用定额》。

● 《通信建设工程预算定额》第四册《通信线路工程》。

● 《通信建设工程施工机械、仪器仪表台班定额》。

● 相关部门提供的有关材料价格及收费标准。

● 相关部门提供的工程资金来源和各项资金收费标准。

2．编制说明

（1）本预算按单位工程一阶段设计编制预算。

（2）工程投资分析见表 2-48。

表 2-48 工程投资分析

费 用 类 别	费用/元	所占比例/%
工程总投资	112 578.13	100
安装工程费	99 476.17	88.4
工程建设其他费	8 772.03	7.8
预备费	4 329.23	3.8
（主要材料费）	75 373	67.0

注：技工工日 129.56 个，普工工日 110.86 个，合计 240.42 个工日。

（3）本工程主要材料价格按"××电信局"提供的材料价格计列单价。

（4）建设单位管理费按不成立筹建机构计算。

（5）施工单位驻地按距施工现场 10 km 考虑。

赔补费为： （杆+拉）×15=（3+27）×15=450（元）

（6）施工队伍用水电蒸气费按 250 元估列。

（7）工程类别按四类工程计列。

（8）勘察设计费为（按建设单位要求）：

$$6 \text{ km} \times 8.82 \text{ 工日/km} \times 85 \text{ 元/工日} \times 75\% = 4 \, 498.2 \text{ 元}$$

3. 预算表格

- 工程预算总表（表一），见表 2-49。
- 建筑安装工程费用预算表（表二），见表 2-50。
- 建筑安装工程量预算表（表三甲），见表 2-51。
- 建筑安装工程机械使用费预算表（表三乙），见表 2-52。
- 建筑安装工程仪器仪表使用费预算表（表三丙），见表 2-53。
- 国内器材预算表（表四甲），见表 2-54。
- 工程建设其他费用预算表（表五甲），见表 2-55。

（三）图纸部分

- 龙山至凤水（ONU）光缆杆路图，见图 2-11。
- 龙山至凤水（ONU）光缆配盘图，见图 2-12。

➡️ 实训作业

1. 工程设计方案编制

工程需求与已知条件：

- 本工程为××局新建市话电缆线路工程，要求编制施工图预算。
- 5 t 汽车起重机台班单价为 200 元/台班（已包含养路费和车船使用税）。
- 5 t 载重汽车挂（拖）车台班单价为 300 元/台班（已包含养路费和车船使用税），计算大型机械调遣费时按 8 t 计取。
- 本工程为二类工程，施工地点在城区，建设单位为××市话局，不成立筹建机构。
- 施工企业为一级施工企业，施工企业距施工所在地 400 km。
- 流动施工津贴按 4.8 元/工日计取。
- 施工用水电蒸气费为 300 元。
- 建设用地及综合赔偿费为 3 000 元。
- 工程建设其他费中，不计取研究试验费、生产准备费、供电补贴费、建设期投资贷款利息、运土费。
- 本工程的主要工程量及主要材料见表 2-56 及表 2-57。

表2-49 工程预算总表（表一）

工程名称：龙山至凤水光缆线路工程

建设单位：中国××公司　　　　表格编号：XL-ZB

序号	预算表编号	费用名称	国内器材购置费	工程机械使用费	仪器仪表使用费	建筑安装工程费	其他费用	预备费	总价值 人民币（元）	其中外币（ ）
Ⅰ	Ⅱ	Ⅲ	Ⅳ	Ⅴ	Ⅵ（元）	Ⅶ	Ⅷ	Ⅸ	Ⅹ	Ⅺ
1	表二：XL-GCF	建筑安装工程费				99476.17			99476.17	
2	表三乙：XL-JX	建筑安装工程机械使用费		1380.00					1380.00	
3	表三丙：XL-YB	建筑安装工程仪器仪表使用费			110.16				110.16	
4	表四甲：XL-ZC	国内器材购置费	75373.17						75373.17	
5	表五甲：XL-QT	工程建设其他费					15212.37		15212.37	
		小计	75373.17	1380.00	110.16	99476.17	15212.37		191551.87	
6		预备费						7662.07	7662.07	
		小计						7662.07	7662.07	
		合计	75373.17	1380.00	110.16	99476.17	15212.37	7662.07	199213.94	

设计负责人：张工　　　审核：王工　　　编制：李工　　　编制日期：2010年6月

表 2-50　建筑安装工程费用预算表（表二）

工程名称：龙山至凤水光缆线路工程　　建设单位：中国××公司　　表格编号：XL-GCF　　第　页

序号 I	费用名称 II	依据和计算方法 III	合计（元）IV
一	建筑安装工程费	一+二+三+四	99 476.17
（一）	直接费	（一）+（二）	88 536.66
1	工程费	1+2+3+4	85 414.70
（1）	人工费	（1）+（2）	8 325.25
[1]	技工费	技工工日×48元/工日	6 218.88
[2]	普工费	普工工日×19元/工日	2 106.37
2	材料费	（1）+（2）	75 599.29
[1]	主要材料费	国内器材料预算表	75 373.17
[2]	辅助材料费	主要材料费×0.3%	226.12
3	机械使用费	表三乙	1 380.00
4	仪器仪表费	表三丙	110.16
（二）	措施费	1~16之和	3 121.97
1	环境保护费	人工费×1.5%	124.88
2	文明施工费	人工费×1.0%	83.25
3	工地器材搬运费	人工费×5.0%	416.26
4	工程干扰费	人工费×6.0%	499.51
5	工程点交、场地清理费	人工费×5.0%	416.26
6	临时设施费	人工费×5.0%	416.26
7	工程车辆使用费	人工费×6.0%	499.51
8	夜间施工增加费	人工费×3.0%	249.76
9	冬雨季施工增加费	人工费×2.0%	166.50
10	生产工具用具使用费	人工费×3.0%	249.76
11	施工用水电蒸气费		
12	特殊地区施工增加费		
13	已完工程及设备保护费		
14	运土费		
15	施工队伍调遣费		
16	大型施工机械调遣费		
二	间接费	（一）+（二）	5 161.65
（一）	规费	1+2+3+4	2 664.08
1	工程排污费		
2	社会保障费	人工费×26.81%	2 232.00
3	住房公积金	人工费×4.19%	348.83
4	危险作业意外伤害保险费	人工费×1%	83.25
（二）	企业管理费	人工费×30%	2 497.57
三	利润	人工费×30%	2 497.57
四	税金	（一+二+三）×3.41%	3 280.28

负责人：张工　　审核：王工　　编制：李工　　编制日期：2010 年 6 月

表2-51　建筑安装工程量预算表（表三甲）

工程名称：龙山至凤水光缆线路工程　　　建设单位：中国××公司　　　表格编号：XL-GCL　　　第　页

序号	定额编号	项目名称	单位	数量	单位定额值（工日）		合计值（工日）	
					技工	普工	技工	普工
I	II	III	IV	V	VI	VII	VIII	IX
1	TXL3-001	立9m以下水泥杆（综合土）	根	2	0.61	0.61	1.22	1.22
2	TXL3-004	立11m以下水泥杆（综合土）	根	1	0.88	0.88	0.88	0.88
3	TXL3-001	扶9m以下水泥杆（综合土）	根	1	0.51	0.51	0.51	0.51
4	TXL3-001	更换9m以下水泥杆（综合土）	根	1	1.46	1.46	1.46	1.46
5	TXL3-054	装设7×2.6单股拉线（普通土）	条	22	0.84	0.56	18.48	12.32
6	TXL3-154	市区架设7×2.2吊线	千米条	3.703	8	8.5	29.624	31.4755
7	TXL3-148	电杆地线延伸式	条	2	0.18	0.38	0.36	0.76
8	TXL3-176	架设架空光缆（平原12芯以下）	百米条	6	10.35	8.43	62.1	50.58
9	TXL4-061	布放槽道光缆	百米条	0.15	0.84	0.84	0.126	0.126
10	TXL5-001	市话光缆接续（12芯以下）	头	1	3	0	3	0
11	TXL5-015	光缆成端接续	芯	12	0.25	0	3	0
12	TXL5-067	市话光缆中继段测试（12芯以下）	段	1	5.6	8.33	5.6	8.33
13	TXL6-001	安装光缆预留架	套	18	0.15	0.15	2.7	2.7
14	TXL4-035	打穿楼墙洞（砖墙）	个	1	0.2	0.2	0.2	0.2
15	TXL4-039	增装终端支撑物	个	1	0.3	0.3	0.3	0.3
		合计					129.56	110.86

负责人：张工　　　审核：王工　　　编制：李工　　　编制日期：2010年6月

表2-52 建筑安装工程机械使用费预算表（表三乙）

工程名称：龙山至凤水光缆线路工程

建设单位：中国××公司

表格编号：XL-JX

第 页

序号	定额编号	项目名称	单位	数量	机械名称	单位定额值		合计值	
						数量（台班）	单价（元）	数量（台班）	合价（元）
Ⅰ	Ⅱ	Ⅲ	Ⅳ	Ⅴ	Ⅵ	Ⅶ	Ⅷ	Ⅸ	Ⅹ
1	TXL3-004	立11 m 以下水泥杆（综合土）	根	1	汽车起重机（5 t 以内）	0.040	400.00	0.04	16.00
2	TXL3-001	立9 m 以下水泥杆（综合土）	根	3	汽车起重机（5 t 以内）	0.040	400.00	0.12	48.00
3	TXL3-001	扶9 m 以下水泥杆（综合土）	根	1	汽车起重机（5 t 以内）	0.040	400.00	0.04	16.00
4	TXL5-001	市话光缆接续（12 芯以下）	头	1	汽油发电机（10 kW 以下）	0.300	290.00	0.30	87.00
5	TXL5-001	市话光缆接续（12 芯以下）	头	1	光缆接续车（4 t 以下）	0.5	242.00	0.50	121.00
6	TXL5-001	市话光缆接续（12 芯以下）	头	1	光缆熔接机	0.500	168.00	0.50	84.00
7	TXL5-015	光缆成端接头	芯	12	光缆熔接机	0.500	168.00	6.00	1 008.00
		合计							1 380.00

负责人：张工

审核：王工

编制：李工

编制日期：2010 年 6 月

表 2-53 建筑安装工程仪器仪表使用费预算表（表三丙）

工程名称：龙山至凤水光缆线路工程 建设单位：中国××公司 表格编号：XL-YB 第 页

序号	定额编号	项目名称	单位	数量	仪表名称	单位定额值		合计值	
						数量（台班）	单价（元）	数量（台班）	合价（元）
I	II	III	IV	V	VI	VII	VIII	IX	X
	TXL5-015	光缆成端接头	芯	12.000	光时域反射仪	0.030	306.00	0.36	110.16
合计									110.16

负责人：张工 审核：王工 编制：李工 编制日期：2010 年 6 月

通信工程综合实训（第3版）

表2-54　国内器材预算表（表四甲）

工程名称：龙山至凤水光缆线路工程　　建设单位：中国××公司　　表格编号：XL-ZC　　第　页

序号	名称	规格/程式	单位	数量	单价（元）	总计（元）	备注
1	光缆	GYSTS-6D	km	6	8 660	51 960	Ⅷ
2	光缆尾纤	10 m 双头	条	3	210	630	
3	光缆尾纤	3 m 双头	条	4	180	720	
4	光缆接头盒	6芯	只	1	380	380	
5	聚氯乙烯软管	ϕ28 mm	m	100	2.2	220	
6	三线交越保护套管		m	50	11	550	
7	光缆室内终端盘	GNZH（6芯）	个	1	320	320	
8	双吊线包箍	ϕ164 mm	副	71	16.1	1 143.1	
9	三眼单槽夹板	7.0 mm	个	71	7.1	504.1	
10	三眼双槽夹板	7.0 mm	个	84	8.9	747.6	
11	拉线包箍	ϕ164 mm	副	41	14.4	590.4	
12	镀锌铁线	ϕ4.0 mm	kg	25	5.4	135	
13	镀锌铁线	ϕ3.0 mm	kg	35	5.4	189	
14	镀锌铁线	ϕ1.5 mm	kg	5	5.4	27	
15	拉线衬环	3 股	个	20	0.6	12	
16	拉线衬环	5 股	个	60	1	60	
17	单眼地线夹板	7.0 mm	个	2	2	4	
18	地线样	ϕ12 mm（1 000 mm）	个	2	38.7	77.4	
19	镀锌钢绞线	7×2.2	kg	1 000	6.3	6 300	
20	镀锌钢绞线	7×2.6	kg	160	6.3	1 008	
21	镀锌滚花膨胀螺栓	ϕ12 mm	副	6	1.2	7.2	

续表

序号	名　称	规格(程式)	单　位	数　量	单价(元)	总　计(元)	备注
22	钢柄地锚	18~2 100 mm	套	27	36	972	
23	镀锌有头穿钉	M12~100 mm	副	16	1.2	19.2	
24	L支架		个	2	28	56	
25	电缆挂钩	25 mm		11 000	0.25	2 750	
26	光缆预留架(架空)		个	16	35	560	
27	光缆预留架(室内)		个	1	120	120	
28	预应力水泥杆	φ150 mm×8 000 mm	根	2	240	480	
29	预应力水泥杆	φ150 mm×10 000 mm	根	1	330	330	
30	水泥拉线盘	LP600 mm-300 mm-150 mm	副	27	28	756	
31	普通硅酸盐水泥	425#(散装)	kg	50	0.34	17	
32	小计					71 645	
33	供销部门手续费(小计×1.80%)					1 289.61	
34	采购及保管费(小计×1.00%)					716.45	
35	器材保险费(小计×1.00%)					71.645	
36	运杂费1(1~3)×1.50%					799.65	
37	运杂费2(4~7)×4.30%					63.21	
38	运杂费3(8~27)×3.60%					550.152	
39	运杂费4(28~31)×15.00%					237.45	
40	合计					75 373.17	

负责人：张工　　　　审核：王工　　　　编制：李工　　　　编制日期：2010年6月

表2-55　工程建设其他费用预算表（表五甲）

工程名称：龙山至凤水光缆线路工程

建设单位：中国××公司　　　　　　　　表格编号：XL-QT　　　　　　　　第　页

序号	费用名称	计算依据及方法	金额（元）	备注
I	II	III	IV	V
1	建设用地及综合赔补费		450.00	
2	建设单位管理费		1 492.14	
3	可行性研究费			
4	研究试验费			
5	勘察设计费	勘察费＋设计费	4 498.2	
	1）勘察费		2 594.56	
	2）设计费		4 476.43	
6	环境影响评价费			
7	劳动安全卫生评价费			
8	建设工程监理费			
9	安全生产费		1 492.14	
10	工程质量监督费		69.63	
11	工程定额测定费		139.27	计价格[2001]585号文
12	引进技术及引进设备其他费			
13	工程保险费			
14	工程招标代理费			
15	专利及专利技术使用费			
16	总计		15 212.37	
	生产准备及开办费（运营费）			

负责人：张工　　　　　　审核：王工　　　　　　编制：李工　　　　　　编制日期：2010年6月

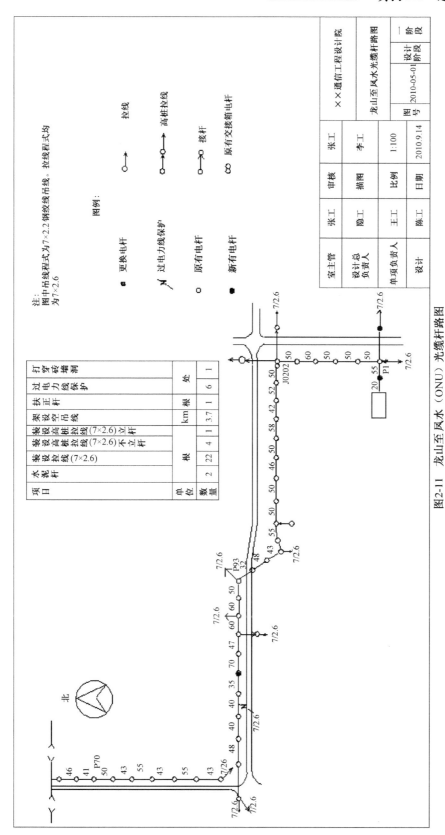

图2-11 龙山至凤水（ONU）光缆杆路图

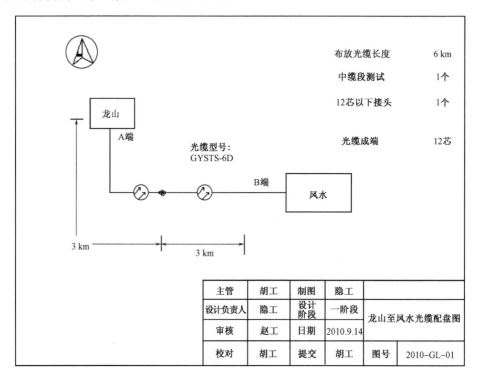

图 2-12　龙山至凤水（ONU）光缆配盘图

表 2-56　本工程主要工程量

序　号	项 目 名 称	单　位	数　量
1	挖/填电缆沟（普通土）	m³	90
2	立 8.5 m 水泥电杆（综合土）	根	5
3	机械敷设通道电缆（1 200 对）	1 000 m/条	3
4	敷设墙壁吊挂式电缆（200 对）	100 m/条	0.8
5	拆除架空自承式电缆（50 对）	1 000 m/条	0.7
6	塑隔电缆芯线接续（接线子式、0.6 mm）	100 对	72
7	本工程其他工程量用工：技工 240 工日，普工 270 工日		

表 2-57　本工程主要材料表

序　号	材 料 名 称	单　位	数　量	出厂单价（元）
1	全塑电缆（HYA1200 × 0.4 mm）	m	3 045	141.1
2	全塑电缆（HYA200 × 0.6 mm）	m	80.56	21
3	8.5 m 水泥电杆	根	5.01	168.4
4	其他主要材料费预算：25 558.86 元			

在完成上述工程预算的基础上，编制设计方案。

2. 实际工程线路的工程设计方案编制

工程需求：测量所在地区的某区域电话通信线路工程，包括长途线路和市话线路。长途线路采用管道地埋工程，市话为架空线路。拟定一工程线路，进行方案设计前的线路勘测，手工绘出线路草图，用 AutoCAD 绘制标准图纸，给出线路的各种预算表格，最后形成完整的设计方案。

模块三　基于 PON 技术的网络规划设计

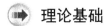 理论基础

一、PON 的组成

PON 即无源光网络（Passive Optical Network）。随着"宽带中国"战略的实施，"光进铜退"成为接入网技术的发展趋势。它打破了传统的点到点通信解决方法，采用点到多点组网方式，是一种经济的、面向未来多业务的用户接入技术。

PON 包括 APON、BPON、EPON、GPON 等。APON 是基于 ATM 的 PON 技术标准，即 G.983，它以 ATM 作为通道层协议，支持话音、数据多业务，具有明确的业务质量保证、服务级别和完善的操作维护管理系统，最高传输速率可达 622 Mb/s。EPON 是基于以太网的标准，在传输媒质层和数据链路层上采用以太网传输，其传输速率达 1.25 Gb/s 且有进一步升级的空间。GPON 具有吉比特级高速率、高效率、支持多业务透明传输的特点，同时提供明确的服务质量保证和服务级别。GPON 标准包括 G.984.1、G.984.2、G.984.3、G.984.4。

PON 的基本网络单元主要由光线路终端（Optical Line Terminal，OLT）、光分配网（Optical Distribution Network，ODN）和光网络单元（Optical Network Unit，ONU）三大部分构成，如图 2-13 所示。OLT 作为整个光纤接入网的核心部分，实现核心网与用户间不同业务的传递功能。ODN 在网络中的定义为从 OLT 到 ONU 的线路部分，包括光缆、配线部分以及分光器（Splitter），全部为无源器件，是整个网络信号传输的载体。ONU 负责注册和管理、全网的同步和管理、协议的转换，以及与上级网络之间的通信等功能，ONU 作为用户端设备在整个网络中处于从属地位，完成与 OLT 之间的正常通信并为终端用户提供不同的应用端口。

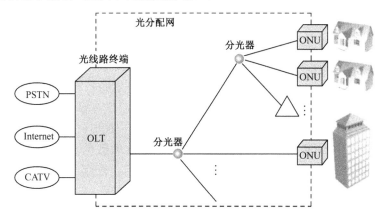

图 2-13　PON 的基本组成

二、PON 的通信原理

1. 下行通信

PON 通信包括下行与上行两个方向。OLT 到多个 ONU 下行传输数据和从多个 ONU 到 OLT 上行传输数据是十分不同的。当 OLT 启动后，它会周期性地在本端口上广播允许接入的时隙等信息。ONU 启动后，根据 OLT 广播的允许接入信息，主动发起注册请求，OLT 完成对 ONU 的认证注册。对于 EPON 系统，数据从 OLT 到多个 ONU 以广播式传送，根据 IEEE 802.3ah 协议，每一个数据帧的帧头包含前面注册时分配的、特定 ONU 的逻辑链路标识（LLID），该标识表明本数据帧是给 ONU（ONU1、ONU2···）中的唯一一个。另外，部分数据帧可以发给所有的 ONU（广播式）或者特殊的一组 ONU（组播），在图 2-14 所示的组网结构下，在分光器处，流量分成独立的三组信号，每一组信号都传输到所有 ONU。当数据信号到达 ONU 时，ONU 根据 LLID，在物理层上做判断，接收给它自己的数据帧，摒弃那些给其他 ONU 的数据帧。对于 GPON 系统，主要根据 VPI/VCI（ATM）或者 GEM PORTID（GEM）进行选择性接收。

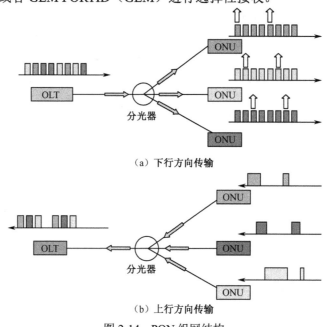

（a）下行方向传输

（b）上行方向传输

图 2-14　PON 组网结构

2. 上行通信

对于上行方向，PON 系统采用时分多址接入技术（TDMA）分时隙给 ONU 传输上行流量。当 ONU 注册成功后，OLT 会根据系统的配置，给 ONU 分配特定的带宽。在 GPON 系统中采用动态带宽调整时，OLT 会根据指定的带宽分配策略和各个 ONU 的状态报告，动态地给每一个 ONU 分配带宽。在一个 OLT 端口下，所有 ONU 与 OLT 的 PON 端口的时钟是严格同步的，每一个 ONU 只能在 OLT 给它分配的时刻开始，用分配给它的时隙长度传输数据。通过时隙分配和时延补偿，确保多个 ONU 的数据信号耦合到一根光纤时，各个 ONU 的上行包不会互相干扰。上行传输通过分时突发方式发送，并采用测距技术来保证上行数据不发生冲突。对于 EPON 系统，OLT 的时钟恢复时间为 400 ns，ONU 开关时间为 512 ns；GPON 系统的 OLT 时钟恢复时间为 60.8 ns，ONU 开关时间为 12.8 ns。

三、PON 的组网设计

1．PON 的组网模式

根据 ONU 在 PON 网络所处位置的不同，PON 的应用模式又可分为 FTTH（光纤到户）、FTTB（光纤到大楼）、FTTC（光纤到路边）等多种类型。所用的 ONU 类型分别是 A 类、B 类和 C 类，如图 2-15 所示。

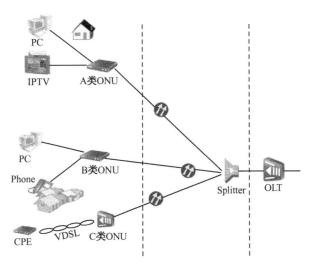

图 2-15　PON 的不同应用模式

FTTH 结构是在路边设置无源分光器，ONU 位于用户的家中，是真正全透明的光纤网络，它不受任何传输制式、带宽、波长和传输技术的约束，是光纤接入网络发展的理想模式和长远目标。FTTB 结构中，ONU 被直接放到楼内，光纤到大楼后可以采用 FTTB+ADSL、FTTB+Cable 和 FTTB+LAN 等方式接入用户家中。FTTB 与 FTTC 相比，光纤化程度进一步提高，因而更适用于高密度以及需要提供窄带和宽带综合业务的用户区。在 FTTC 结构中，ONU 放置在路边或电杆的分线盒边，从 ONU 到各个用户之间采用双绞线铜缆连接；以宽带传送图像时，则采用同轴电缆。FTTC 的主要特点之一是到用户家里的部分仍可采用现有的铜缆设施，可以推迟入户的光纤投资。

2．PON 的光链路损耗预算

在光链路通道中，各种元器件和光纤都会产生损耗，主要有以下几方面：

（1）分光器的插入损耗，不同的分光器损耗不同。

（2）光缆的损耗，与长度有关。

（3）各种连接点带来的损耗，有熔接点损耗和插入损耗。

各种元器件的平均损耗参考值如表 2-58 所示。

表 2-58　各种元器件的平均损耗参考值

类　　型	平均损耗（dB）
连接器	0.3
机械接续	0.2

类　　型	平均损耗（dB）
熔接接头	0.1
1∶64 分光器	20.1
1∶32 分光器	17.7
1∶16 分光器	14
1∶8 分光器	9
1∶4 分光器	7.3
1∶2 分光器	3.6
光纤（G.652）	0.36/km（1310 nm）
光纤（G.652）	0.22/km（1490 nm）
光纤（G.652）	0.20/km（1550 nm）

PON 的光网络要求从 OLT 设备端一直到 ONU 设备端必须采用符合 G.652 标准的单模光纤。PON 系统设备要求支持最大传输距离规格。这里的最大传输距离是指理论距离，其实际最大传输距离应以光路总损耗为准计算，不是设计长度。如 20 km 模块在只接 1∶16 分光器时可传输更长距离。设计时一般不能用光纤直接接 ONU，须添加分光器或衰减器，避免 ONU 接收的光强度超过 ONU 接收饱和光功率（如-3 dBm）；同时，光功率不能小于-24 dBm，否则光功率小于 ONU 的接收灵敏度，OLT 将无法发现 ONU。检验 PON 光路设计是否合格，是否满足传输需要，只有一条标准，那就是实际工程完工后，所有 ONU 接收侧的光功率是否大于等于-24 dBm，是否小于等于-8 dBm。下限定为-8 dBm 是考虑到 ONU 之间光衰减值相差不能太大，每处 ONU 光功率尽量平均分布。光路工程验收非常关键，要确保符合标准，因为实际工程往往不规范，会造成过多的光路损耗和与理论计算结果相差太大。

ONU 接收侧光功率计算公式为：

$$ONU 接收侧光功率 = OLT 光模块发射光功率 - 光通道损耗 \qquad (3.1)$$

光通道损耗的计算公式为：

$$光通道损耗 = L \times a + N_1 \times b + N_2 \times c + N_3 \times d + e + f \qquad (3.2)$$

其中，L 是光纤长，a 是光纤损耗，N_1 为光纤熔接点的个数，b 为光纤熔接的损耗，N_2 为机械连接的损耗，c 为机械连接的个数，N_3 为连接器的个数，d 为连接器损耗，e 为分光方式产生的损耗，f 为工程余量。

PON 网络传输的是由 OLT 设备发出的经过编码调制的光信号，而 OLT 设备的光功率是有限的，市场上常见 PON 光模块有两种，一种是 Class B+，一种是 Class C+。Class C+光模块的光路最大允许损耗为 32 dB，设计要求光路损耗小于 28 dB。

典型 PON 系统光功率参数如表 2-59 所示。

表 2-59　典型 PON 系统光功率参数表

参数项目	OLT 光模块典型值（10 km）	ONU 光模块典型值（10 km）	OLT 光模块典型值（20 km）	ONU 光模块典型值（20 km）
接收灵敏度	-24 dBm	-24 dBm	-27 dBm	-24 dBm

续表

参数项目	OLT 光模块典型值（10 km）	ONU 光模块典型值（10 km）	OLT 光模块典型值（20 km）	ONU 光模块典型值（20 km）
接收饱和度	−1 dBm	−3 dBm	−6 dBm	−3 dBm
发射光功率	−3～2 dBm	−1～4 dBm	2～7 dBm	−1～4 dBm

➡ 案例指导

一、用户需求分析

苏州华园小区目前共有 24 栋居民楼，每栋均为 19 层，共有 1824 户。用户需要开通宽带、电话业务等。在建网的时候因为小区居民比较多，接入量也就比较大，需要设备能够满足较大的接入量。这个小区的楼高较高，需要的网络覆盖范围也就相对比较大，因此，必须要有足够强大的网络核心为其提供充分的支持，以此来满足大接入量和大覆盖面积的要求，本项目计划使用较多的智能型和扩展型设备。另外，设备的安全性也同样至关重要。

二、网络总体架构设计

相比于 EPON，GPON 技术拥有多种传输速率供选择，可以满足用户的不同的带宽需求。上行 1.244 Gb/s， 下行 2.488 Gb/s 的速率模式是现在运营商使用最多的。GPON 技术分光比最大可达 1:128，常用 1:64，最大可支持 20 km 的物理传输距离；当采用二级或多级分光，理论上最大可支持 60 km 的传输距离。与 EPON 系统相比，GPON 不仅支持的 ONU 设备较多，而且带宽的利用率也高。因此，本工程拟选用 GPON 系统，并采用二级分光，其网络总体架构如图 2-16 所示。

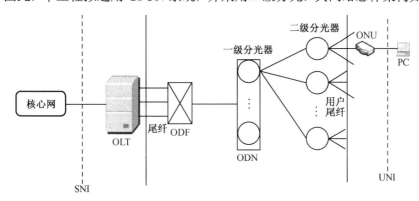

图 2-16　网络总体架构

三、主要设备选型

（一）OLT 设备

目前国内 OLT 设备生产厂家主要有中兴、华为、烽火等。各厂家的型号众多，中兴 ZXA10 系列 OLT 设备主要有 C200、C220、C300 等；华为的主流 OLT 设备有 MA5680T、MA5683T 等。不同型号的 OLT 设备有不同的物理接口配置，但其功能基本相同。华为 MA5680T 具有较大的背板交换容量（背板交换容量达到 3.2 Tb/s），具有超高密度级联能力，单框最多有 768 个 GE 端口。MA5680T 外观如图 2-17 所示。

图 2-17　MA5680T 外观图

MA5680T 设备作为 GPON 技术中的 OLT 设备，拥有超大的容量，单个 PON 口具有下行 2.488 Gb/s 和上行 1.244 Gb/s 的传输速率，超大的容量可以很好地支持各种各样的业务。最大传输距离为 20 km，使用 Class C+光模块，这种光模块最小的发光功率为 3 dBm，光接收灵敏度为 -30 dBm。MA5680T 主要技术指标如表 2-60 所示。

表 2-60　MA5680T 主要技术指标

参　　数	Class B+	Class C+
传输速率	下行：2.488Gb/s，上行：1.244Gb/s	
最大传输距离	20 km	
光缆类型	单模光纤	
符合标准	ITU-T G.984.2 Class B+	ITU-T G.984.2 Class C+
中心波长	下行：1490 nm　　上行：1310 nm	
发送光功率	1.5 dBm～5 dBm	3 dBm～7 dBm
最大接收灵敏度	-28 dBm	-30 dBm

（二）光纤配线架

光纤配线架（Optical Distribution Frame，ODF）用于光纤通信机房中主干光缆的连接，具有光纤调度、分配等作用。典型 ODF 如图 2-18 所示。光纤配线箱安装在 19 寸的机柜上，每一个箱子称为 1 框，一个机柜可以容纳 8 框。每一框为 6 行，一行为 1 盘，从上到下依次为 A～F 盘。每一盘为 12 芯，即 1 框可以接 72 根光纤。已经使用的光纤每根都要贴上标签，标签要标注该光纤所带的业务信息等。根据光缆所需芯数，本工程拟选用 4 台单盘容量为 576 芯的 ODF。

图 2-18　典型 ODF

（三）光缆交接箱

光缆交接箱简称光交，用于连接机房配线架和配线光缆，分为主干光交和配线光交。光交可以适应剧变的气候和恶劣的工作环境。根据光缆芯数，本工程选用的主干光交容量为 1152 芯，配线光交容量为 576 芯。主干光交的实物如图 2-19 所示。光纤在光交内要排列整齐，走线合理。已经有业务的光纤要贴上标签，标签内容要机打且规范，要详细记录该光纤的各种信息，未使用的光纤端口要戴上防尘帽。

图 2-19　主干光交

（四）分光器与分纤箱

分光器又称光分路器，有熔融拉锥型（FBT）、平面光波导（PLC）型两种。1∶4 以上比例的分光器一般采用 PLC 型。本工程将使用 1∶8 的二级分光结构，一级分光器安装在楼道分纤箱内，二级分光器安装在楼层分纤箱中。典型分光器与分纤箱实物如图 2-20 所示。

图 2-20　典型分光器与分纤箱实物

（五）光纤光缆

从通信机房引一条主干光缆至小区主干光交。所选光缆的芯数要根据小区的用户数来定。同路光缆根据需求合并为一条大芯数光缆进行敷设，芯数不低于96芯，按需分配至各小区配线光交。从配线光交到单独架设光缆，光缆芯数不低于24芯。48芯以下（含48芯）光缆采用单芯层绞式光缆，48芯以上光缆采用带状光缆。本次工程选用G.652光纤，一共使用26条不同纤芯数的光缆，其中：从机房到不同区域光交使用48芯光缆12条，12芯光缆14条。典型48芯光缆结构如图2-21所示。

图2-21　典型48芯光缆结构

入户光缆拟采用蝶形光缆（因其截面外形像蝴蝶，故称蝶形光缆，主要用于二级分光器到用户端部分的室内入户）。其外层为护套，内层中心为光纤，两侧是结构加强件。典型蝶形光缆如图2-22所示。

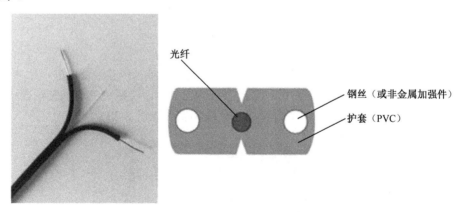

图2-22　典型蝶形光缆

（六）ONU

ONU设备主要有两类，一类是用于FTTB的多用户单元MDU（Multi-Dwelling Unit），另一类为用于FTTH的用户终端设备ONT（Optic Network Terminal）。为保证通信，实际应用中ONU应与OLT选用同一厂家产品。华为PON的终端设备主要有HG8240、HG8245、HG8247、HG8247e等。

HG8245 可提供高速数据传输、优质的语音和视频服务。本工程选用 HG8245 作为终端设备，其实物如图 2-23 所示。

图 2-23　HG8245 实物

四、通信机房设计

（一）机房平面布置设计

机房的工程设计包含机房平面布置设计及对机房的各项技术要求，如房屋高度、地面负荷、照明、温湿度、空调设备、防尘、接地等。

机房平面布置设计根据系统中各种设备所占空间大小来估算机房所用面积，并进行设计布局。典型机房设备主要有：蓄电池、交直流配电屏、服务器、路由器、交换机、OLT 和 ODF 等。机房面积估定后，可根据具体房屋条件设计机房平面图，做到技术合理、经济节省。应对几种方案进行比较，最后选定一种最佳方案。机房平面布置设计如图 2-24 所示。

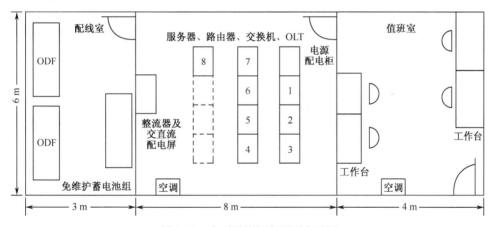

图 2-24　典型通信机房平面布置图

（二）机房环境要求

1）防尘要求

机房的净化程度与设备正常运行和使用寿命有着密切的关系。不同型号的设备对机房的防尘要求大致相同，多数要求灰尘含量不高于 $0.2\ mg/m^3$。

2）温度要求

长期工作条件为 18～28 ℃，短期工作条件为 10～35 ℃。

3）湿度要求

长期工作条件为40%～70%，短期工作条件为10%～90%。机房温湿度条件应满足所安装设备的要求。

4）照明要求

应避免阳光直射，以防止长期照射引起电路板等元器件老化变形。机房照明要求：一般照度可按30～50 lx设计。通信机房均应设置紧急照明设备，其照度在距地面0.8 m处不得低于5 lx。

5）安全要求

机房必须配备手动或自动灭火设备、消防器材，如干粉灭火器、感烟感温报警装置，器材性能应良好；机房内不同的电压插座，应有明显标志；机房内严禁存放易燃、易爆等危险品；楼板预留孔洞应配有安全盖板；设置紧急照明设备及紧急出口；应符合建筑物消防设备规定；应符合YD 5002—2005《邮电建筑防火设计标准》的相关规定。

6）接地要求

一般要求机房的工作地、保护地、建筑防雷地分开设置，现在较多地采用联合接地，接地电阻值要求小于1 Ω。对一些专用设备接地电阻一般要求在3～10 Ω内，视不同设备而定。

7）防电磁干扰要求

机房内无线电干扰场强，在频率范围为0.15～500 MHz时，不应大于126 dB（μV/m），磁场干扰场强不应大于800 A/m（10 Oe）；雷达干扰场强峰值不应大于160 dB（μV/m）；机房应有防静电措施，其空间的静电感应电压不得超过2 500 V；机房应远离如110 kV以上的超高压变电站等强电干扰源。

8）抗震要求

应符合YD 5003—2005《电信专用房屋设计规范》的规定。

9）电源要求

单相：$220 \times U$（U为203～228 V），三相：$380 \times (1\pm10\%) U$（U为342～418 V），频率：(50 ± 0.5) Hz，总谐波成分不得高于5%，电源保护地线的专用接地线电阻小于1 Ω且零地电压小于1 V。

10）空调要求

如需空调系统，应设置具有恒温恒湿和空气净化能力的空调，建议采用恒温恒湿专用空调，并且需要24 h连续工作，以满足机房环境要求。机房空调应考虑主、备用。

五、ODN 规划设计

（一）ODN 网络结构

ODN由OLT至ONU之间的所有光缆和无源器件（包括光配线架、光交、光分线盒、光分路器、光纤信息面板等）组成，包括主干段、配线段和引入段三部分。

在通信机房，OLT通过活动接头与光配线架连接，光配线架至各个主干光交为主干段；主干光交至配线光交为配线段。配线段可以是 2-3 级配线，但配线越多，使用的活动接头也会越多；从配线光交至 ONU 为引入段，包含二级分光。

引入段采用的二级分光比为 1∶64，不仅可节省光缆，也可保证接入用户数在最大的情况下能正常使用。1∶64 的分光比有两种形式，一种形式为一级分光器分光比为 1∶8，二级分光器分光比也为 1∶8；另一种形式是一级分光器分光比为 1∶4，二级分光器分光比为 1∶16。根据本方案用户分布，拟采用两个 1∶8 分光器的分光方式，这也是最常用的方式。一级分光器通常安装在光缆汇聚点，二级分光器安置于楼道。

本次工程从机房到用户的网络设备主要有：MA5680T、主干光交、配线光交、接头盒、装有一级分光器的楼栋分纤箱和装有二级分光器的楼层分纤箱等。网络工程结构如图 2-25 所示。

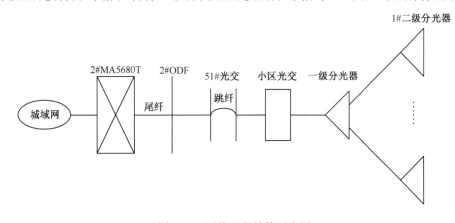

图 2-25　网络工程结构示意图

（二）ODN 网络工程设计

本次工程光缆端口的连接情况如下：从 1#MA5680T 设备的 12 槽 5～11 口和 13 槽的 0～11 口，连接至机房的 2#ODF 的 7 框 C 盘 4～10 芯和 D 盘 1～12 芯。再从 2#ODF 下行至 51#光交的 3 框 A 盘 4～10 芯和 B 盘的 1～12 芯，最后从 10#光交下行到三个小区光交，三个小区光交的端口基本满配。部分端口连接规划如表 2-61 所示。

表 2-61　部分端口连接规划

1#MA5680T	2#ODF	GJ10#	GJ10#	GJ01#
12 槽 5 口	7/C/4 芯	3/A/4 芯	1/E/1 芯	1/A/1 芯
12 槽 6 口	7/C/5 芯	3/A/5 芯	1/E/2 芯	1/A/2 芯
12 槽 7 口	7/C/6 芯	3/A/6 芯	1/E/3 芯	1/A/3 芯
12 槽 8 口	7/C/7 芯	3/A/7 芯	1/E/4 芯	1/A/4 芯
12 槽 9 口	7/C/8 芯	3/A/8 芯	1/E/5 芯	1/A/5 芯
12 槽 10 口	7/C/9 芯	3/A/9 芯	1/E/6 芯	1/A/6 芯
12 槽 11 口	7/C/10 芯	3/A/10 芯	1/E/7 芯	1/A/7 芯

从机房的 2#ODF 使用主干光缆通过地下通信管网连接到 10#光交，光交内部由跳纤进行跳接；从 10#光交使用联络光缆连到小区内的一个 48 芯接头盒上，再从 48 芯接头盒分不同方向连到小区

通信工程综合实训（第3版）

光交。本次工程一共设置 3 个 144 芯的小区光交，即：01#光交、02#光交和 03#光交；在 01#和 02#光交内分别安装 7 个 1∶8 的一级分光器，03#光交内安装 5 个一级分光器，光交与分光器通过尾纤连接。一级分光器通过联络光缆与楼内地下室的接头盒相连，接头盒用来接续连接过来的光缆并分配给楼内的各个二级分光器；最后从二级分光器引出蝶形光缆连到用户家中。小区光缆线路如图 2-26 所示。

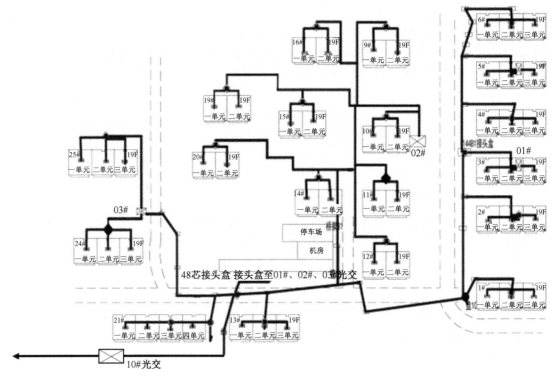

图 2-26　小区光缆线路图

在一、二级分光器之间，光缆从一级分光器连到每一栋楼的光缆接头盒处，光缆接头盒不仅有接续功能，还有保护功能，同时可预留 10 m 富余光缆。光缆敷设时通常还会多铺一根，一根主用，一根备用。然后再从接头盒通过每一个单元的竖井连接到放置在各层的二级分光器。对于三单元的十九层高楼，每个单元放三个二级分光器，分别放置在每一个单元的 3 楼、9 楼、15 楼处。对于本小区不同的层型，二级分光器安装位置如图 2-27 所示。分光器的 1 个端口支持 1 户上网，一个单元最多可以支持 24 户上网。

（三）光通道损耗预算

光通道的损耗是检验施工方工程合格与否的重要指标，直接影响到用户能否正常上网。本次工程光通道损耗的预算情况如下：该工程从 OLT 设备到二级分光器，光纤全长约为 1 km。统计可知，整个光通道共有 10 个机械连接，6 个光纤熔接点，使用两个 1∶8 的分光器，并取工程余量为3 dB。根据前述公式可得：

$$光通道损耗 = L \times a + N_1 \times b + N_2 \times c + N_3 \times d + e + f$$
$$= 1 \times 0.36 + 6 \times 0.3 + 10 \times 0.1 + 9 + 9 + 3$$
$$= 24.16（dB）$$

· 102 ·

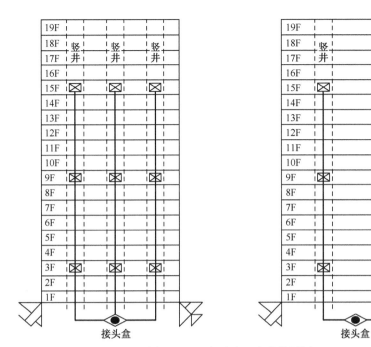

图 2-27 二级分光器安装位置图

查 OLT 设备手册知光模块功率为 1.5～5 dBm。

ONU 接收侧光功率 = OLT 光模块发射光功率−光通道损耗=−19.16～−22.66 dBm

满足光接收机灵敏度要求。实际工程实施后，所有 ONU 应能正常上线。

➡ 实训作业

1. 完成无源光网络技术理论综述。

2. FTTH 方案设计编制。

选择典型工程场景，如校园宿舍楼宽带网络接入，通过实际调研和需求分析，完成 FTTH 宽带接入的设计方案。

项目三 通信线路施工

实训目标

通信线路施工是通信专业领域从业人员主要实践技能之一。本项目要求学生掌握通信线路施工的基本理论，学习施工的基本实践技能，如架空线路工作中的脚扣登高、拉线制作、光（电）缆敷设等；通过了解通信传输介质相关知识，进行进一步的系统化学习，以了解各种通信传输介质的应用；学会制作各种通信电缆的接头，会制作交接箱成端、接线盒成端等，并掌握光缆熔接与测试等基本工程技能。本项目的实训须借助实际工程环境，可根据条件有选择地完成实训内容，可建设校内实训基地，也可与通信工程公司联系，参加实际工程施工。

能力标准

熟悉线路系统理论；掌握线路施工的一些基本技能，如脚扣登高；能制作拉线；能进行架空光（电）缆敷设、能识别大多数电缆色谱；会制作接线盒、交接箱成端；能进行光缆的熔接、光缆测试等；能够参加实际通信线路的施工。

项目知识与技能点

路由线路、架空线路、管道线路、直埋线路、脚扣登高、拉线制作、吊线安装、电缆配线、交接箱成端、接线盒成端、光缆的熔接、光缆线路测试。

理论基础

一、路由线路施工

路由线路是为通信线缆敷设所提供的走线方式。常用的路由线路包括架空线路、管道线路、直埋线路、引上线路、墙壁线路及暗管线路。每一种路由线路都有相应的施工规范、方式。

（一）架空线路

架空线路适用于穿越河沟或峡谷的地段、直埋特别困难的地段、施工特别困难或赔偿费用过高的地段、已有杆路并可以利用挂架的地段，以及市区暂时无条件建设管道的地段。选择路由线路应根据实际地形决定，尽量避开大型建筑物、闹市区与开发区，要了解当地村镇开发规划。架空线路所用器材主要有电杆、电缆吊线、拉线抱箍、三眼钢绞线夹板、U形钢卡。

杆路应设置在公路的两侧（距国道 20 m，距省道 15 m，距县道 10 m，距乡道 5 m）、排水沟外侧；杆路交越电力线路、长途光缆线路时，一定要从其下面穿过。杆路交越长途埋式光缆时，距埋式光缆 15 m 以内不得立杆、埋设地锚石；杆路不准有急转弯，要避免角杆直接穿越公路、铁路。角深大于规定值时，测量时要用标杆对标，架设角杆要写角深记录，角杆比平时要向内移 10～20 cm；配杆的长度要根据地形高低、是否穿越建筑物，以及电力线电压大小灵活配置。中国移动通信集团有限公司使用的标准杆长度为 7 m，配杆长度为 7～12 m，标准杆挡距为 50 m。

电杆上的吊线抱箍距杆梢 40~60 cm，背挡杆吊线抱箍可以适当降低，吊挡杆吊线抱箍可适当升高，但距杆梢不得少于 25 cm。第一层吊线与第二层吊线间距为 40 cm；第一层吊线应在杆路前进方向左侧，吊线位置不能任意改变；吊线的背挡杆和吊挡杆长度超过 5 m 的，应设辅助装置。长度达 100 m 以上的长杆吊线要做辅助拉线，跨越杆应做三方拉线，终端杆做顶头拉线（用 7×2.6 的钢绞线），长度达 200 m 以上的飞线，跨越杆和终端杆的顶径应大于 19 cm。飞线跨越距离不能大于 400 m，否则应在中间立过渡中间杆；角深达 8 m 以上的，角杆内角应做辅助线，角杆辅助线采用 7×2.2 钢绞线，从吊线抱箍穿钉至距封口 60 cm 处，用二只 U 形钢卡（间距 10 cm）固定，并绕 5~7 圈封头，角深为 5~8 m 的角杆，内角吊线可用 4.0 铁线绑扎辅助；角深超 8 m 及有俯角或仰角时，辅助线应采用与杆上主吊线相同的钢绞线制成，吊线接续应采用 3.0 铁线。

拉线的方位、角深一定要用皮尺测定，测定角深时，以标准杆距（50 m）为测定依据。终端拉线、顶头拉线、角杆拉线、顺线拉线一律装设在吊线抱箍的上方，侧面拉线装设在吊线抱箍的下方，拉线抱箍与吊线抱箍间距为 10cm±2cm。第一道拉线抱箍与第二道拉线抱箍间距为 40 cm。采用 7×2.2 钢绞线作为主吊线，角深在 7.5 m 以下时，拉线应采用 7×2.6 钢绞线；顶头拉线用 7×2.6 钢绞线。角深在 15 m 以上的角杆，应做人字拉线，拉线距离比一般应设为 1:1，可根据具体情况适当调整，但不得小于 3:4，采用防风拉线时，将 8 根杆设在一处，采用四方拉线时，一般将 32 根杆设在一处；四方拉线必须设辅助线装置。

（二）管道线路

管道线路适用于长途、市话、农话通信线路。这种敷设方式采用的是市话电信管道或市县合建的管道。

管道线路施工流程为：施工测量→开挖路面→开挖土方→做基础→加筋→敷设管道→填沙浆→管道包封→砌砖→抹面→开天窗→做人（手）孔上覆→铁盖安装。

管道光（电）缆布放的施工流程为：施工测量→器材检验→单盘检验→配盘→选择布放方法→人孔抽积水→检查管孔→布放→防护→芯线接续、测试→接头封合→接头的安装固定。布放之前必须先清洗、刷净所用的管孔，布放的线缆外径与所用管孔标称内径关系应符合下列要求：1 000 对以下线缆外径应比管孔标称内径小 13 mm 以上；1 000 对以上线缆外径应比管孔标称内径小 15 mm 以上。穿放线缆过程中，除拉入对方人孔内的部分外，在管内的线缆必须全部涂抹中性凡士林或黄油。线缆敷设完毕后，应按照实际需要留足余长，再锯断线缆，锯断的线缆端头应立即进行防潮处理。线缆进入管孔处应垫好铅皮。在地下水位高于通信管道的地段，人孔内可用油灰、麻絮等堵好电缆与管孔的间隙以防漏水。关于线缆在通信管道人孔内的走向，应注意以下几点：

① 在距管道出口 5 cm 以上方可做弯曲处理，且弯曲的半径通常不小于线缆直径的 20 倍，具体弯曲要求可根据相关规定执行。

② 线缆走向应以局方要求为主要依据。

③ 线缆穿放使用管孔应以"下多上少"为原则，横排管孔应以"侧多中少"（多、少指线缆对数）为原则。

④ 线缆在管孔内应按顺序排列，严禁水平或上下交叉。

管孔中的线缆接头位置应以交错放置为原则，12 孔以下管孔中的接头位置如图 3-1 所示。24 孔以上管孔中的接头位置如图 3-2 所示。

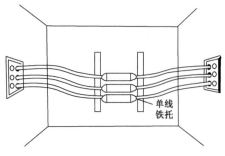

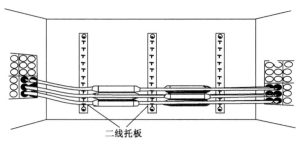

图 3-1　12 孔以下管孔中的接头位置　　　　图 3-2　24 孔以上管孔中的接头位置

1. 管孔的选用

在管道中敷设线缆时，应合理地选用管孔，使之有利于穿放线缆和维护，所以在选用管道管孔时，总原则是先下后上，先侧后中。大容量线缆一般应敷设在靠下和靠侧壁的管孔中。

管孔必须对应使用。同一条线缆所占用的管孔位置，在各个管孔内应尽量保持不变，以避免发生交错（交错会引起摩擦，同时不利于施工维护）。

敷设时，一般是一孔一缆。当线缆外径较小时，允许在同一管孔内敷设多条线缆。敷设光缆时必须加套子管，一个子管中只放一条光缆。

2. 清洗、刷净管道和人（手）孔

无论新建管道或利用旧管道，在敷设之前，均应对管孔进行清洗、刷净，以便顺利地敷设线缆。

1）用竹片或硬质塑料管穿通

用直径为 1.5 mm 的铁线逐段地将竹片扎接，竹片表面朝下（表面光滑，可减少阻力），后一片叠加在前一片的上面，这样可减小阻力。有积水的地方应将积水抽掉，然后才能穿入竹片。竹片始端穿出管孔后，应在竹片末端缚上 4.0 mm 铁线一根，作为敷设线缆的引线。利用引线末端连接如图 3-3 所示的清洗、刷净管道的整套工具或其他工具，进一步清除管孔内的污泥和其他杂物，同时也应清除人孔内的杂物或积水，然后方可敷设。

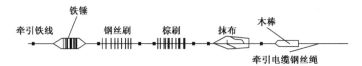

图 3-3　清洗、刷净管道的整套工具

2）压缩空气清洗法

压缩空气清洗法广泛用于密闭性良好的塑料管道。先将管道两端用塞子堵住，通过气门向管内充气，当管内气压达到一定值时，突然将一端的塞子拔掉，利用强气流的冲击力将管内污物带出。

3. 通信管道中线缆的敷设

敷设线缆前应根据配盘要求、线缆长度、对数及程式等，将线缆盘放在准备穿入线缆的管道的同侧，并使线缆能从盘的上方放出，然后把线缆盘平稳地支在千斤顶上，顶起不要过高，一般使线缆盘下部离地面 5～10 cm（确保线缆盘能自由转动）即可，由线缆盘至管口的一段线缆应成均匀的弧形。当两人孔间为直管道时，线缆应从坡度较高处往低处穿放；若为弯管道时，应从离

弯处较远的一端穿入。引上线缆应从地下往引上管中穿放。在人孔口边缘顺线缆放入的地方应垫以草包或草垫，管道入口处应放置黄铜喇叭口，以免磨损线缆护套。

（三）直埋线路

在农村野外地区敷设线缆一般采用直埋方式，在实际环境不适合采用直埋方式或直埋方式施工费用过大等情况下，可以采用其他的敷设方式，其路由应根据设计图纸进行复测、定线。复测时应注意校核设计图纸。挖掘直埋线缆沟应符合下列要求：

- 线缆沟的中心线应与设计路由中心线吻合，左右允许偏差不大于 10 cm。
- 线缆沟的深度应符合设计要求，沟底高程偏差应不大于±5 cm。
- 线缆沟的底部要平整。
- 线缆沟底如遇砂砾或有一般腐蚀性的土壤，应先铺 10 cm 厚碎土才可敷设线缆，线缆上再铺 10 cm 厚碎土后才能进行下一工序。

线缆接头坑的长度应大于接续套管长度的 5 倍，线缆接头坑突出的半径应不小于 60 cm，坑底深度应与线缆沟底深度等同，其结构如图 3-4 所示。

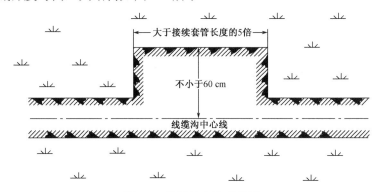

图 3-4　线缆接头坑示意图

敷设直埋线缆应符合下列规定：

- 直埋线缆转弯处的线缆弯曲半径应是线缆外径的 15 倍以上。
- 线缆接头在线缆接头坑内的位置如图 3-5 所示。
- 两条及更多线缆同沟敷设时应平行排列，不得交叉或重叠。
- 凡设计图纸规定线缆进行 S 形敷设的，如通过河流等应按设计规定实施。

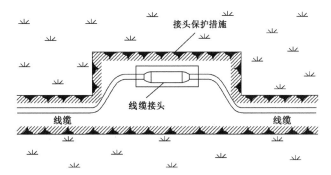

图 3-5　线缆接头在线缆接头坑内的位置示意图

直埋线缆与其他地下设施平行或交越时，其间距不得小于相关规定。当直埋线缆穿过保护管的管口处时，应用浸沥青麻布条或浸油棉絮等封堵严密。直埋线缆进入人（手）孔处应设置保护管，线缆敷设完毕应将保护管两端管口封堵严密。线缆铠装保护层应延伸至人孔内距第一支撑点约 10 cm 处，如图 3-6 所示。

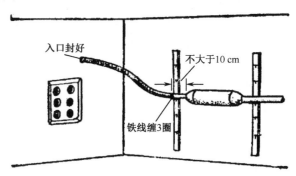

图 3-6　直埋线缆进入人（手）孔示意图

敷设直埋线缆时，如遇腐蚀性土壤，应按设计规定的措施处理。当线缆埋设于市区、居民区或将来有可能被掘动等的地段时，应在线缆上覆土 10 cm 后，铺红砖作为线缆的保护标志，如图 3-7 所示。

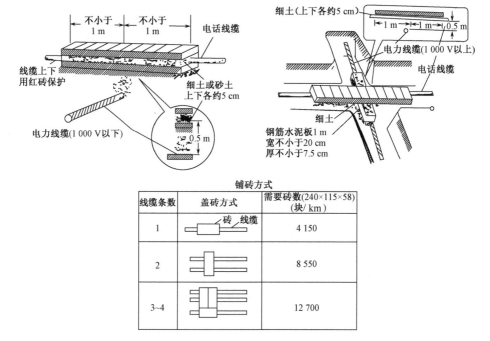

铺砖方式

线缆条数	盖砖方式	需要砖数(240×115×58) (块/ km)
1	砖　线缆	4 150
2		8 550
3~4		12 700

图 3-7　直埋线缆红砖保护示意图

直埋线缆敷设后，应按下列规定进行回填夯实：

① 回填前必须做好现场情况与施工图的校核，做到准确无误。

② 回填时，应先回填细土将线缆覆盖后，再回填普通土壤。不得把大石块、冻土块、石灰石、炉灰或其他有机物填入沟内及覆盖在线缆上。

③ 夯实与回填过程中均不得损伤已布放的线缆及线缆沟内其他管线等。

④ 市区内回填时应认真进行分层夯实工作，回填时每 30 cm（厚度）应夯实一遍，及时做好余土、渣土的清理工作。

因地理情况等所限无法埋设标石时，标石可以在线缆沟以外设置，但必须在竣工图上标明相对位置。标石埋设位置如图 3-8 所示。

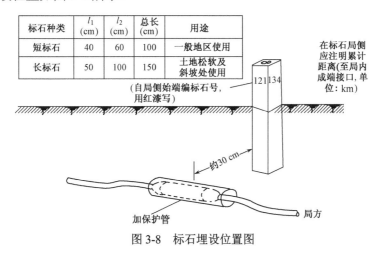

标石种类	l_1 (cm)	l_2 (cm)	总长 (cm)	用途
短标石	40	60	100	一般地区使用
长标石	50	100	150	土地松软及斜坡处使用

图 3-8 标石埋设位置图

（四）引上线路

从地下引出地面的一段线缆称为引上线缆。管道线缆或直埋线缆在引出地面时，均应采用钢管或 PVC 管（称为引上管）等保护。线缆引上管应具有防腐蚀及防机械损伤的能力。线缆引上管内径一般比需保护的线缆外径大 2 cm 以上。引上管具体的材质、规格、型号、数量及安装地点等均应符合设计要求。在人（手）孔内引上线缆的走向及人（手）孔壁的处理如图 3-9 所示。

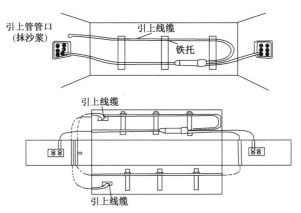

图 3-9 人（手）孔内引上线缆走向示意图

线缆引出引上管后，第一个固定点应距管口 15 cm，以后每隔 50 cm 设一固定点。

（五）墙壁线路

墙壁线缆的敷设可采用吊线式或卡钩式两种方法。吊线式墙壁线缆敷设使用的吊线程式、支持物的间距、墙壁线缆的支持物，以及终端固定物等应按设计的具体规定实施。吊线垂直固定在墙壁上，应按设计规定的措施妥善处理墙壁承受拉力的问题。卡钩式墙壁线缆敷设是用卡钩等将线缆直接固定在墙面上，卡钩的型号应与线缆外径配套。

室内墙壁线路的敷设应注意以下几点要求：

● 线缆敷设在出墙面的挂钩线上时，其卡挂固定点可每隔 100 cm 设一处。

● 线缆敷设在踢脚板上时，其卡挂固定点间隔应为 50 cm。

● 楼层内敷设线缆由一面墙跨越走道至另一面墙，应选择隐藏地点穿过或设置装饰罩。

● 楼层线缆的引上（下），应选择在不易碰撞和较隐蔽的位置。

墙壁线路是用特制的卡子、塑料带将线缆固定在墙壁上的，要求线缆尽量平直敷设。垂直敷设时，应注意以下几点：

● 在两个窗户间垂直敷设时，应尽量敷设在墙壁的中间。

● 尽可能在墙壁的内角敷设，不宜敷设在外角附近，如不得已必须敷设在外角附近，线缆距外墙边缘应不少于 50 cm。

● 在室内垂直敷设穿越楼板时，其穿越位置应选择在公共地点。

从墙壁线缆分支引出线缆并沿墙敷设时，为了保证线缆接头良好，线缆的分支与主干至少平行敷设 15 cm，并在接头两端及中间用卡子固定。

线缆卡子的间距：垂直方向为 1 m，水平方向为 60 cm。卡子钉眼位置：水平敷设时在线缆下方；垂直敷设时与附近水平方向敷设的卡子在线缆同一侧。在线缆沿墙壁外角水平方向或沿内角水平方向敷设时，应根据线缆外径的大小来确定内角的卡子间隔，一般为 10~25 cm。

吊线式墙壁线缆敷设通常用挂钩、吊线，类似于一般架空杆路。

（六）暗管线路

暗管线缆是指在建筑物内预埋的通信用暗管里穿放线缆。在暗管中穿放线缆应注意两点，即穿放时应涂抹黄油；暗管两端管口与线缆间应衬垫铅皮。预埋暗管应符合如下要求：有缝管的接缝应置于管身的上方；暗管转弯的半径应大于可穿放最大线缆的最小半径要求；预埋暗管的转角必须大于 90°；一根暗管严禁有两个以上转角，更不得有 S 形弯；预埋暗管的两端管口在敷设管前，必须锉圆，去毛刺。

二、光（电）缆线路施工

（一）电缆线路

1．大对数电缆

大对数电缆一般为含 25 个线对（或更多）的单根电缆的成束电缆，外观上看，直径较大。它采用颜色编码（色谱）进行管理，每束都有不同的色谱，同一束内的每个线对又有不同的色谱。

① 线对芯线色谱：全塑芯线组合扭绞成 25 种线对对应的色谱。

● 领示色（a 线）色谱排列顺序为：白、红、黑、黄、紫。

● 循环色（b 线）色谱排列顺序为：蓝、橙、绿、棕、灰。

每 25 个线对为一个基本单位，线对序号及色谱如表 3-1 所示。

表 3-1 线对序号及色谱表

序 号	1	2	3	4	5	6	7	8	9	10	11	12	13	14	15	16	17	18	19	20	21	22	23	24	25
a 线	白	白	白	白	白	红	红	红	红	红	黑	黑	黑	黑	黑	黄	黄	黄	黄	黄	紫	紫	紫	紫	紫
b 线	蓝	橙	绿	棕	灰	蓝	橙	绿	棕	灰	蓝	橙	绿	棕	灰	蓝	橙	绿	棕	灰	蓝	橙	绿	棕	灰

② 扎带色谱：每个单位的扎带采用非吸湿性有色材料。10 个单位以下（含）采用单位扎带色谱，11 个单位以上（含）采用双扎带色谱，如表 3-2 所示。

表 3-2 双扎带色谱表

单位序号	1	2	3	4	5	6	7	8	9	10	11	12	13	14	15	16	17	18	19	20	21	22	23	24
扎带色谱	蓝白	橙白	绿白	棕白	灰白	蓝红	橙红	绿红	棕红	灰红	蓝黑	橙黑	绿黑	棕黑	灰黑	蓝黄	橙黄	绿黄	棕黄	灰黄	蓝紫	橙紫	绿紫	棕紫

另外还有一种红头、绿尾的扎带色谱，即基本单位外绕红色扎带，为第一个单位；按顺时针旋转，之后为第二个白色扎带、第三个白色扎带……至绿色扎带为本层最后一个单位，如图 3-10 所示。

1200 对单位色谱　　　　1600 对单位色谱

图 3-10 红头、绿尾的扎带色谱

③ 以 25 个线对组成一个基本单位，色谱及线对编号如表 3-3 所示。

表 3-3 色谱及线对编号

线 对 编 号	单 位 号	基本线对色谱	线 对 编 号	单 位 号	基本线对色谱
1～25	1	蓝—白	301～325	13	绿—黑
26～50	2	橙—白	326～350	14	棕—黑
51～75	3	绿—白	351～375	15	灰—黑
76～100	4	棕—白	376～400	16	蓝—黄
101～125	5	灰—白	401～425	17	橙—黄
126～150	6	蓝—红	426～450	18	绿—黄
151～175	7	橙—红	451～475	19	棕—黄
176～200	8	绿—红	476～500	20	灰—黄
201～225	9	棕—红	501～525	21	蓝—紫
226～250	10	灰—红	526～550	22	橙—紫
251～275	11	蓝—黑	551～575	23	绿—紫
276～300	12	橙—黑	576～600	24	棕—紫

④ 以50个线对，2个基本单位组成一个50线对超单位色谱及线对编号，如表3-4所示。

表3-4　50线对超单位色谱及线对编号

基本单位 色　谱	色谱及线对编号		
	白	红	黑
蓝—白 橙—白	1～50	601～650	1201～1250
绿—白 棕—白	51～100	651～700	1251～1300
灰—白 蓝—红	101～150	701～750	1301～1350
橙—红 绿—红	151～200	751～800	1351～1400
棕—红 灰—红	201～250	801～850	1401～1450
...	...	...	...
蓝—紫 橙—紫	501～550	1101～1150	1701～1750
绿—紫 棕—紫	551～600	1151～1200	1751～1800

⑤ 以100个线对，4个基本单位组成一个100线对超单位色谱及线对编号，如表3-5所示。

表3-5　100线对超单位色谱及线对编号

基本单位 色　谱	色谱及线对编号				
	白	红	黑	黄	紫
蓝—白 橙—白 绿—白 棕—白	1～100	601～700	1201～1300	1801～1900	2401～2500
灰—白 蓝—红 橙—红 绿—红	101～200	701～800	1301～1400	1901～2000	2501～2600
棕—红 灰—红 蓝—黑 橙—黑	201～300	801～900	1401～1500	2001～2100	2601～2700
绿—黑 棕—黑 灰—黑 蓝—黄	301～400	901～1000	1501～1600	2101～2200	2701～2800

续表

基本单位色谱	色谱及线对编号				
	白	红	黑	黄	紫
橙—黄 绿—黄 棕—黄 灰—黄	401～500	1001～1100	1601～1700	2201～2300	2801～2900
蓝—紫 橙—紫 绿—紫 棕—紫	501～600	1101～1200	1701～1800	2301～2400	2901～3000

2. 电缆模块接线排

大对数电缆通常采用电缆模块接线排连接。电缆模块接线排主要由四个部分组成：底座（深黄色，有黑点标记）、本体（次深黄色，上下有卡接刀片和切割刀片）、上盖（浅黄色）、防潮罩（又称防潮盒，盒内有硅脂）。与其他接续方法相比，采用电缆模块接线排连接具有接口排列整齐均匀、接头性能稳定、模具化、标准化、操作简单、容易掌握等优点，是较好的连接方式。

接续时要按设计要求的型号选用电缆模块接线排；接配线电缆芯线时，模块下层接 b 线，上层接 a 线；接续不同线径电缆时，模块下层接细线径，上层接粗线径；接续应保证排列整齐，松紧适度，线束不交叉，接头呈椭圆形；无错线，芯线绝缘电阻合格。

电缆模块接线排接线专用工具组成部件如下：

- 电缆固定架：用于安放接头及确定电缆接头的长度。
- 接头固定座及横动杆：起固定接头的作用。
- 接头：用于安放电缆模块接线排及进行接续时按色谱安放线对。
- 模块开启钳：用于开启已接好的模块，修复障碍时用。
- 检查梳：用于目视检查安放好的色谱 a 线、b 线位置是否正确。
- 修补工具：用于由于某种原因产生 a 线 b 线接反接错、断线等问题时进行修补的工具。
- 压接泵（压接器）：是手动液压泵，压接模块用。
- 测试插针：在接续完毕后，用于单线对线路测试。
- 六角螺丝钳：用于拆装操作。

接续时，电缆接头塑料护套开剥长度根据接续长度而定，如采用一字形折回接续时（常用接线排分为一字形、V 字形和 T 字形）：开剥长度=（接续长度×2）+152（mm）。

电缆芯线接续长度如表 3-6 所示。

表 3-6　电缆芯线接续长度

序　号	电缆线对数	线径（mm）	接续长度（mm）	电缆接头内/外径（mm）			
				一字形直接接续		一侧折回直接接续	
				标准型卡接板	超小型卡接板	标准型卡接板	超小型卡接板
1	400	0.4	432	69	64	64	64
		0.5	432	64	71	74	71
		0.6	432	64	76		102
		0.7	432			109	102
		0.8	432	64	76		102
2	600	0.4	432	97	114	114	81
		0.5	432	104	119	119	99
		0.6	432				122
		0.7	432	109	127	127	122
		0.8	432				122
3	900	0.4	432	107	114	114	104
		0.5	432	117	135	135	127
		0.6	432		114		147
		0.7	432	132		173	147
		0.8	432		114		147
4	1 100	0.6	483		127		165
		0.7	483	170		185	165
		0.8	483		127		165
5	1 200	0.4	432	130	102	157	119
		0.5	432	137	109	163	127
6	1 500	0.4	483	147	114	165	137
		0.5	483	155	122	170	145
7	1 800	0.4	483	150	127	178	152
		0.5	483	157	135	185	160
8	2 100	0.4	483	165	137	188	157
		0.5	483	173	145	196	165
9	2 400	0.4	483	178	145	201	165
10	2 700	0.4	483	183	152	208	183
11	3 000	0.4	483	191	165	211	193
12	3 600	0.4	483		178		203

3．分线设备

将任何一对引出线和任何一对引入线相连，具有分线和配线功能的线路设备称为分线设备，分线设备有分线箱和分线盒。

分线箱是一种带有安保装置的分线设备，安装在电缆网络的分线点或配线点上，用来沟通配线电缆的芯线和用户终端设备（话机）。所谓"分线点"和"配线点"是指在配线电缆路由上分出若干线路，通过通信分线设备将分出的线路分配给就近的用户使用的一些点。分线箱是一种安装在电缆网络分支点或终端的线路终端设备，通过它，用软皮线就可以将用户和电缆网络连接起来。分线箱的型号及规格很多，外形有圆形、扁形之分。常用的有 XF679 系列（圆形）、WFB-1 系列（扁形），容量有 10（12）对、20（22）对、30（32）对及 50 对等（括号外的数字为 XF679 系列的容量，括号中数字为 WFB-1 系列的容量）。分线箱用于用户引入线上可能有强电流或高电压侵入的场合，一般使用在城郊线路、野外线路及部分内部线路上。它的缺点是需要安装地线且价格较贵。

分线箱由铸铁制成（便于接地），箱内有内、外两层接线板，每层接线板上设有接线端子（接线柱）。内层接线端子与分线箱的尾巴电缆相连，通过尾巴电缆和局方芯线相连；外层接线端子与用户软皮线相连；内、外两层接线板间串联有熔丝管；外层接线板与箱体之间连有避雷器，其剖面图如图 3-11 所示。

分线盒是一种不带安保装置的电缆分线设备，其作用与分线箱完全相同。分线盒内部设有一层由透明有机玻璃制成的接线板，将分线盒分为内、外两部分，接线时尾巴电缆在接线板内层与接线端子相连，接线板外层和软皮线相连，使用全色谱全塑电缆，很容易从外部看清内层芯线的颜色，给维护施工带来了方便。尾巴电缆的进口处用塑料或用短段热缩套管封合。分线盒成端如图 3-12 所示。

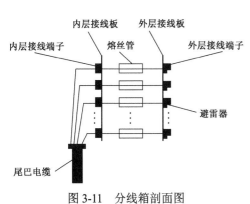

图 3-11 分线箱剖面图

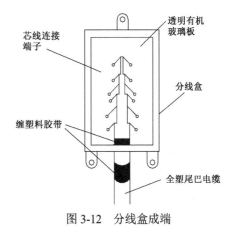

图 3-12 分线盒成端

尾巴电缆的长度规格如表 3-7 所示。

表 3-7 尾巴电缆的长度

尾巴电缆长度（m） 分线设备 分线盒、分线箱容量	分 线 盒	分 线 箱
5～10 对	2.2	2.8
15～30 对	2.3	2.9
50 对	2.4	3.2
特殊	另加长	另加长

分线盒的容量有 10 对、20 对、30 对、50 对等规格。分线盒不带安保装置，故一般用于用户引入线不太可能有强电流或高电压侵入的场合。目前主要用于城区中主要路段、街道及建筑物。

4．交接箱

电缆的交接箱一般用于通信电缆分/接线，如图 3-13 所示。

图 3-13　交接箱

1）交接箱的分类和型号

（1）交接箱的分类：

① 按电缆芯线连接方式可分为：模块卡接式交接箱和旋转卡接式交接箱。

② 按箱体结构可分为：单开门交接箱和双开门交接箱。

③ 按其进出线对总容量可分为：单面模块交接箱和双面模块交接箱。产品系列规格如表 3-8 所示。

表 3-8　产品系列规格

单面模块交接箱	规　格	双面模块交接箱	规　格
	400 对		800 对
	600 对		1 200 对
	900 对		1 800 对
	1 200 对		2 400 对
	1 500 对		3 000 对
	1 600 对		3 200 对
	2 000 对		4 000 对
	2 500 对		5 000 对

（2）产品型号及其标记：

① 产品型号由以下几部分构成：产品代号、产品顺序号、进出线对总容量（用阿拉伯数字表示）。

② 产品的完整标记由名称、标准号、产品型号构成。

2）交接箱的结构

（1）模块卡接式交接箱：

① 交接箱外壳：采用玻璃钢复合材料制成，具有耐压、防潮、防腐蚀的特点，箱体外壳可更换。

② 底座立架：采用扁钢制成，底座上有保护地的夹板，有电缆及电缆接头固定架。一般有四列模块安装位置，每列对应 300 条回线，共计 1 200 条回线。

③ 10 对克隆模块：当面对克隆模块时，上面一行线槽接跳线，下面一行线槽接成端电缆。10 对克隆模块终接线对序号及 a、b 线卡线的规定如表 3-9 所示。

表 3-9　10 对克隆模块终接线对序号及 a、b 线卡线规定

线对序号（第 n 回线）	1		2		3		4		5		6		7		8		9		10	
模块线槽号（自左向右）	1	2	3	4	5	6	7	8	9	10	11	12	13	14	15	16	17	18	19	20
a、b 线	a	b	a	b	a	b	a	b	a	b	a	b	a	b	a	b	a	b	a	b

注：每对克隆模块对应 10 条回线。

（2）3M 模块式交接箱：

① 交接箱外壳：采用玻璃钢复合材料制成，具有耐压、防潮、防腐蚀的特点，箱体外壳可更换。

② 箱内铁支架：由扁钢制成，每个支架能安装 25 对电缆模块接线排，箱体后面是成端电缆固定架。

③ 跳线环：分金属和塑料两种，在箱体顶部和两侧安装。

④ 箱内底部设有电缆接头固定架。

⑤ 交接箱底部电缆出入口有橡胶垫，起防潮、防尘的作用。

⑥ 25 对电缆模块接线排的结构：成端电缆芯线压接在底板和主板之间，成端电缆芯线用模块接续器压接，跳线压接在主板和盖板之间。

（3）旋转卡接式交接箱。旋转卡接式交接箱操作简便、连接稳定可靠，是交接配线较好的交接设备，是本地线路主干电缆与配线电缆交接的换代产品（其缺点是容量较小），其结构如下所述。

① 箱体外壳：箱体外壳采用的材料有金属和玻璃钢复合材料两种，具有耐压、防潮、防尘、防蚀的特点，门锁灵活，可装卸，门上方有通气孔。

② 箱内铁支架：用扁钢制成骨架和可转动的背装架，每个背装架能安装 300 对接线端子，背装架后面是成端电缆的固定架，采用涂漆或涂塑保护。

③ 跳线环：分金属和塑料材质两种，在列架顶部安装。

④ 标志牌：每块接线排的上端应安装标志牌（用来编排列号及线序号）。

⑤ 箱内右侧有供安装气压表、气门嘴、气压报警器的固定架。

⑥ 箱内设有用于与测量室联络的接线端子和测试接线端子的位置（接线板）。

⑦ 箱内底部设有电缆气塞接头的固定绑扎角铁架，采用 20 mm×30 mm 角钢制成。

⑧ 交接箱底部电缆出入口有橡胶垫，起防潮、防尘的作用。

⑨ 箱内有测试工具（测试电缆气塞接头和剪线钳等）。

⑩ 旋转卡接模块有 100 对一块和 25 对一块两种。

⑪ 每一个模块有 25 对回线，模块背面端子按 25 对色谱芯线线序接入。

交接箱箱体应能防尘、防水、防蚀并有闭锁功能。有端子的交接箱在温度为（20±5）℃、相对湿度不高于 80%条件下测试其电气性能应符合下列要求：

● 绝缘电阻：端子间、端子与箱体间用 500 V 兆欧表测量时，绝缘电阻不应低于 1 000 MΩ。

● 耐压试验：端子间、端子与箱体间加 50 Hz/500 V 交流电压持续 1 min 不应被击穿，并不会损坏绝缘。

● 交接箱（间）必须安装地线，地线的接地电阻应小于 10 Ω。

具备下列条件时应设落地式交接箱：

● 在地形、地势安全平坦的地方。

● 主干电缆和配线电缆均在地下敷设时。

● 主干电缆为地下敷设，配线电缆为架空敷设时。

室外落地式交接箱应采用混凝土底座，底座与人（手）孔间采用管道连通，不得砌成通道式，底座与管道、箱体间应有密封防潮措施。

具备下列条件时应设架空式交接箱：

● 主干电缆和配线电缆均为架空敷设时。

● 在郊区、工矿区等建筑物稀少地区敷设时。

● 架空式 600 对及 600 对以上交接箱安装在 H 形杆上，并安装站台和脚钉时。

（二）光缆线路

1. 光缆与光缆连接

通信光缆是将一根或多根光纤或光纤束制作成符合光学、机械和环境特性要求的线缆。光缆是目前有线通信的主流传输媒介，因为它具有许多其他媒介无法比拟的优点。

通信光缆按缆芯结构的不同，可分为层绞式光缆、中心管式光缆和骨架式光缆；按使用环境与场合的不同，主要分为室外光缆、室内光缆及特种光缆三大类。松套层绞式光缆是目前使用最多的光缆。

通信光缆的端别判断和通信电缆有些类似，不同的是，光缆的端别由于其缆芯结构不同，各个生产厂家生产的产品不完全一致。一般来说，可按以下方式来对光缆的端别进行识别。

● 面对光缆截面，自领示光纤起，以顺时针顺序为准，第一个为 A 端（逆时针为 B 端）。这种识别方法适用于层绞式光缆和骨架式光缆，其中松套层绞式光缆可按松套管的颜色来确定 A、B 端。

● 如按上述方式不能区分端别，可按厂家提供的有关资料来区分光缆的端别，如仍不能区分，则按光缆外护套上标明光缆长度的数码来区分，例如，一般来说，小数字端为 A 端，大数字端为 B 端。

● 在施工设计中有明确规定的，应按设计中的规定来区别光缆端别。

在确定了光缆的端别后，就可以确定光纤的纤序了。一般来说，按照端别和光纤涂覆层的颜色可以将光纤的纤序区分清楚。如松套层绞式光缆 A 端纤序：首先确定松套管顺序，按顺时针从红到绿顺序为 1、2、…、$n-1$、n，然后确定每根松套管内纤序，按蓝、橙、绿、棕、灰、白、红、黑、黄、紫、粉红、天蓝顺序排列。

光纤的主要连接方式有固定连接（死接头）、活动连接（活接头）、临时连接三种方式。固定连接要求连接损耗小，连接损耗的稳定性好，具有足够的机械强度和使用寿命，接头体积小，易于放置、保护，费用低，材料易于加工或选购，多数采用电弧熔接法；活动连接要求插入损耗要小，应有较好的重复性和互换性，具有较好的稳定性和经济性，体积小、重量轻等；采用临时连接时，光传输经过接续部位会产生一定的损耗量，习惯称为光纤连接传输损耗，即接头损耗。

2. 常用的端接器材

1）光接头盒与光终端盒

光缆接续使用光接头盒或光终端盒。光接头盒大多用于线路中，光终端盒大多用于机房里，如图 3-14 所示。

（a）光接头盒　　　　　　　　　　（b）光终端盒

图 3-14　光接头盒与光终端盒

2）光缆交接箱

光缆交接箱是一种为主干层光缆、配线层光缆提供光缆成端、跳接的交接设备。光缆引入光缆交接箱后，经固定、端接、配纤后，使用跳纤将主干层光缆和配线层光缆连通，如图 3-15 所示。

在光缆交接箱的光纤分配节点处，主干层光缆中的部分光纤经终接后用于分配，其余光纤则直通至下一节点。在配线区，配线层光缆用跳纤与主干层光缆预留光纤跳接，实现主干层光缆的分配，如图 3-16 所示。

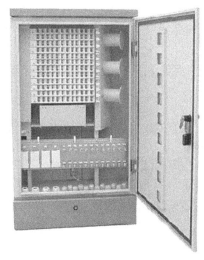

图 3-15　光缆交接箱

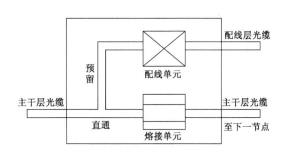

图 3-16　光缆交接箱的基本功能

3）光纤配线架

光纤配线架（即 ODF）处于光网络的局侧，连接局内设备与进局光缆，如图 3-17 所示，具有光纤调度、分配等作用。

光缆局内成端方法有直接成端、光终端盒成端、ODF 成端等。前两种主要用于光缆光纤数不多的情况。随着中继光缆及用户光缆的使用量越来越大，进局的光缆也越来越多，为了调纤方便，使机房布局更加合理，应采用 ODF 成端。ODF 用于光纤通信系统中局端主干光缆的成端和分配，可方便地实现光纤线路的连接、分配和调度，是光缆和光通信设备的配线连接设备。ODF 作为进局光缆与局内光设备的接口设备，可将进局光缆线路中的光纤与带连接器的尾巴光纤，在单元盒集纤盘内做固定连接，该尾巴光纤另一端的连接器连接适配器，再通过跳纤连接至设备。

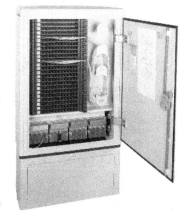

图 3-17　光纤配线架

→ **案例指导**

一、路由线路施工基本技能训练

（一）脚扣登高

上杆的方法有脚扣登高、吊板登高两种，本实训只介绍脚扣登高的操作方法。

1. 上杆前的检查

● 检查电杆根部是否有断裂的危险，电杆埋深是否达到要求。
● 检查电杆周围有无电力线和其他障碍物。
● 检查工具和器材是否齐全。
● 检查保险带（绳），确保坚固可靠，才能使用，切勿使用一般绳索或各种绝缘皮带代替保险带。
● 检查脚扣是否完好，勿使其过于滑钝或锋利，脚扣带必须坚韧耐用；脚扣登板与钩连接处必须铆固；脚扣的大小要适合电杆的粗细，切勿因不适合而折、窝脚扣，以防折断；攀爬水泥电杆的脚扣上的胶管和胶垫根，应保持完整，破裂露出胶里线时应予更换。
● 检查搭脚板的勾绳、板，必须确保完好，方可使用。
● 杆上有人工作时，杆下一定范围内不许有人，高空作业所用材料应放置稳妥，所用工具应随手装入工具袋内，防止坠落伤人。

2. 操作步骤与要领

● 保险带系在腰下臀部位置。
● 上杆时不能携带笨重器材和工具，上、下杆时不能丢下器材和工具。
● 上杆时脚尖向上勾起，往电杆方向微侧，如图 3-18 所示，脚扣套入电杆，脚向下蹬。
● 上杆时人不得贴住电杆，离电杆 20～30 cm，人的腰杆挺直，不得左右摇晃，目视水平前方，双手抱住电杆，如图 3-19 所示。
● 手脚协调配合，左右交替行动。
● 到达杆上操作位置时，系好保险带并锁好保险带的保险环，保险带系在距杆梢 50 cm 以下。
● 用试电笔测试杆上金属体是否带电，使用试电笔时不得戴手套（阳光较强时，可用另一手遮光，观察试电笔）。
● 开始杆上操作，如图 3-20 所示。
● 下杆时动作与上杆一致。
● 下杆后整理好器材和工具。

图 3-18　脚扣登高脚部动作　　　图 3-19　脚扣登高上杆动作　　　图 3-20　脚扣登高杆上操作

（二）拉线的制作

拉线制作是架空线路架设的基本技能，架空线路建筑技术要求比较高，本实训介绍几种拉线上把的制作方法。

1. 拉线上把制作方法

① U 形钢卡法（卡固法）。卡固法是用 M10 钢线卡子卡固，卡固法适合于 7×2.2、7×2.6、7×3.0 三种规格的钢绞线，如图 3-21 所示。

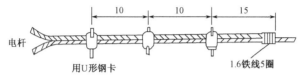

图 3-21　卡固法（单位：mm）

② 夹板法，用三眼双槽夹板夹固，如图 3-22 所示。

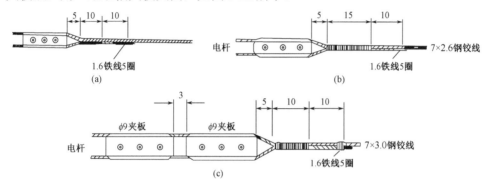

图 3-22　拉线上把夹板法制作（单位：mm）

③ 捆缚式拉线另缠法，如图 3-23 所示，适用于木质电杆拉线。

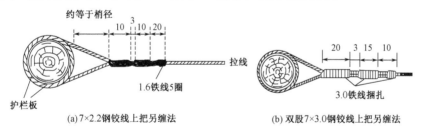

图 3-23　捆缚式拉线另缠法（单位：mm）

④ 抱箍式拉线另缠法，如图 3-24 所示，适合于水泥电杆拉线。

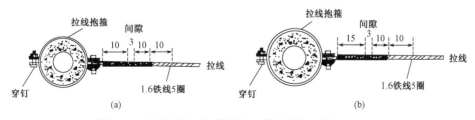

图 3-24　钢筋混凝土杆抱箍式拉线另缠法（单位：mm）

⑤ 另缠法，缠扎规格如表 3-10 所示。

表 3-10　拉线上把另缠法缠扎规格（单位：mm）

类　别	拉线程式	缠线线径	首节长度	间　隙	末节长度	钢绞线留头	留头处理
抱箍式	7×2.2	3.0	100	30	100	100	
	7×2.6	3.0	150	30	100	100	
	7×3.0	3.0	150	30	150	100	
	2×7×2.2	4.0	150	30	100	100	
	2×7×2.6	4.0	150	30	150	100	
	2×7×3.0	4.0	200	30	150	100	用 1.6 铁线
捆缚式	7×2.2	3.0	100	30	100	100	另缠 5 圈
	7×2.6	3.0	150	30	100	100	扎牢
	7×3.0	3.0	150	30	150	100	
	2×7×2.2	4.0	150	30	100	100	
	2×7×2.6	4.0	150	30	150	100	
	2×7×3.0	4.0	200	30	150	100	

注：个别地区留长部分易腐蚀时，可不留。

2．拉线上把另缠法制作

① 绕制扎把线圈两个，将 3.0 铁线折弯成如图 3-25 所示的形状，要求衬芯在两铁线接合处，圆弧与铁线紧贴吻合。

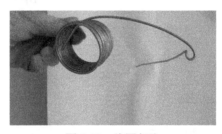

图 3-25　线圈起头

② 用 3.0 铁线交叉穿过扎把线圈，并在电杆上捆绑住，捆绑要紧密。

③ 折弯鼻子。副线长度=线把长度+衬环半个弧形长度，以 7×2.6 钢绞线拉线上把为例。采用 5 股衬环，线把长度为 38 cm，5 股衬环长度为 8～9 cm，所以钢绞线副线与主线折弯处在副线 46～47 cm 之间。操作时右脚踏住钢绞线，左手握住副线与主线折弯处，并使之靠近左膝盖，右手通过主线与左脚之间拉住副线近末端处，然后用右手拉起副线，同时左手、左脚膝盖配合（左脚膝盖向前顶出、左手顶住铁线中间），使钢绞线弯成圆弧，然后右手持钢绞线与右脚配合，同前述一样，将钢绞线弯成圆弧形，如图 3-26（a）所示。

④ 用 8 寸钳夹住主线，具体夹持的位置为离主线与副线中心 5 cm 处，左手握住 8 寸钳头部和主线，右手握住 8 寸钳把柄端部，两手用力配合将主、副线向外折弯，如图 3-26（b）所示，副线同主线一样折弯，如图 3-26（c）所示，使鼻子紧贴衬环。

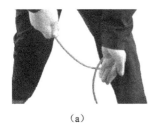
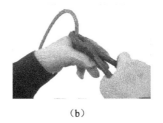
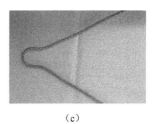

（a）　　　　　　　　　（b）　　　　　　　　　（c）

图 3-26　拉线鼻子制作

⑤ 面对电杆（衬圈），副线从右边穿到左边，人站在主线的左边，主线绕过人的背部，转向人的左侧，用右脚踏住主线，利用人的腰部将线拉紧。

⑥ 先用铁线临时绕扎主线和副线，使两线紧密贴在一起，如图 3-27 所示。

⑦ 拿出事先准备好的扎把线圈，将起头部分按顺时针方向在钢绞线上缠扎 3～4 圈，然后拆除临时线，用专用工具把缠扎的铁线部分敲到离衬圈尖头小于 0.5 cm 处，如图 3-28 所示。

图 3-27　用铁线临时绕扎主线和副线　　　　　图 3-28　铁线与衬圈尖头的间距

⑧ 扎把线圈绕到 15 cm 时，开始缠扭小辫子，小辫子上松绕三个扭花（长 3 cm）。压平在主线和副线之间。

⑨ 重复⑦、⑧操作步骤，绕扎末节（长 10 cm）。

⑩ 用 3.0 铁线封口，在主线与副线末段缠扎 5 圈，然后在主线上再缠扎 2～3 圈，如图 3-29 所示。

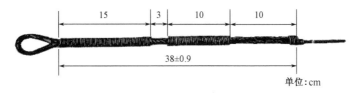

单位：cm

图 3-29　用 3.0 铁线封口

（三）吊线的安装

架空线路工程一般按以下流程进行：位置测量→树立电杆→加固电杆→安装拉线→安装吊线→安装地线→电杆标号。

敷设吊线前，应装好吊线的固定物，吊线应用三眼单槽夹板固定或者安装在吊线的线担（即固定吊线的支撑物）上。吊线固定用的三眼单槽夹板（以下简称为吊线夹板）有三种安装方法（钢担上装吊线夹板、穿钉装吊线夹板、抱箍装吊线夹板），如图 3-30 所示。

吊线夹板的安装位置应按设计的规定设定。吊线应采用 7 股钢绞线，吊线的接续一般采用"套接"法（俗称为环接），套接两端可选用钢绞线卡子、吊线夹板固定或采用绞缠法固定，但两端必须用同一种方法处理，如图 3-31 所示。

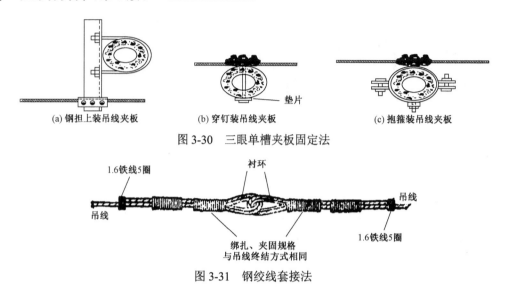

(a) 钢担上装吊线夹板　　(b) 穿钉装吊线夹板　　　　(c) 抱箍装吊线夹板

图 3-30　三眼单槽夹板固定法

图 3-31　钢绞线套接法

吊线如果固定在建筑物上，通常使用"七字铁"或"一字铁"。钢绞线的拉紧通常使用紧线工具进行，如图 3-32 所示。

图 3-32　钢绞线紧线工具

布放吊线时，应先把选择好的钢绞线盘放在具有转盘装置的放线架上，然后转动放线架上的转盘就可以开始放线，布放吊线通常用以下三种方法。

① 把吊线搁在电杆上吊线夹板的线槽里并把外面的螺帽略微旋紧，以不使吊线脱出线槽为宜，然后即可用人工牵引的方式布放。

② 将吊线全部放在电杆和吊线夹板间的螺帽上，在保证不使吊线滑落后方可用人工牵引的方式布放。

③ 先把全部吊线放在地上，使用时把一部分吊线逐次搬到电杆与吊线夹板间的螺帽上。采用此方法须确保不妨碍交通、不损坏吊线、不会使吊线无法引上电杆。

（四）架空线缆的敷设

吊线架设完毕，下一道工序就是敷设架空线缆。敷设时所使用挂钩的规格程式应按设计要求进行。挂钩的卡挂间距应为 50 cm±3 cm；在电杆两侧的第一个挂钩距吊线固定物边缘的距离应为 25 cm±2 cm。卡挂应均匀整齐，挂钩在吊线上的搭扣方向宜一致，挂钩托板应齐全。卡挂固定后应平直，不得有机械损伤。线缆接头的位置应符合规范要求，走向应合理美观。铅包电缆在电杆处不应留余弯。

目前，敷设吊挂式全塑线缆主要有三种方式：预挂挂钩牵引法、动滑轮边放边挂法、定滑轮牵引法。

1）预挂挂钩牵引法

预挂挂钩牵引法适用于敷设距离不超过 200 m 且敷设途中有障碍物的场合，如图 3-33 所示。首先由线务员在敷设段落的两端各装一个滑轮，然后在吊线上每隔 50 cm（光缆可最大放宽至 60 cm）预挂一个挂钩，挂钩的死钩端应与牵引方向相反，以免在牵引线缆时挂钩被拉跑或撞掉。在挂挂钩的同时，用一根细绳穿过所有的挂钩及角杆滑轮，细绳末端绑扎抗张强度较高的棕绳或铁线，利用细绳把棕绳或铁线带进挂钩里，在棕绳或铁线的末端利用网套将其与线缆相接，连接处绑扎必须平滑，以免经过线缆挂钩时发生阻滞。敷设线缆时，用千斤顶托起缆盘，一边用人力转动线缆盘，一边用人力或汽车拖动棕绳或铁线，使棕绳或铁线牵引线缆穿过所有挂钩。

2）动滑轮边放边挂法

动滑轮边放边挂法如图 3-34 所示。首先在吊线上挂好一只动滑轮，在动滑轮上拴好绳，在确保安全的条件下，把吊椅（坐板）与动滑轮连接，把线缆放入动滑轮槽内，线缆的一头扎牢在电杆上，然后一人坐在吊椅上挂挂钩，两人徐徐拉绳，另一人往上托送线缆，使线缆不出急弯，4 人互相密切配合，边走边拉绳，边往上送线缆，按规定距离卡好挂钩，线缆放完，挂钩也随即全部卡完。

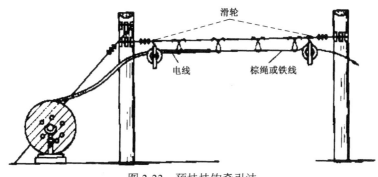

图 3-33　预挂挂钩牵引法

图 3-34　动滑轮边放边挂法

3）定滑轮牵引法

采用定滑轮牵引法敷设架空线缆时，先用千斤顶架好待放的缆盘，在敷设的引上和引下处的电杆上固定好布放线缆用的大滑轮，在每个杆挡内的吊线上，每隔 10～20 m 挂一个小滑轮（导引滑轮），并将牵引绳放入小滑轮内，然后做好牵引头，把牵引绳与线缆连接好，准备布放。推动缆盘，使线缆从缆盘的上方逐渐放出，以机械代替人工牵引，达到布放线缆的目的，如图 3-35 所示。在牵引力不超过线缆允许范围的限制下，一次布放的线缆长度应视地形条件而定。另外，牵引速度要事先确定好，当牵引张力超过标准时，要能切断线缆或报警。

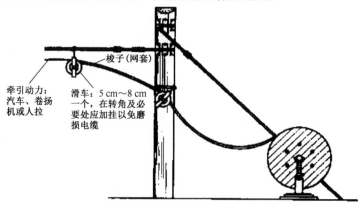

图 3-35　动滑轮边放边挂法

敷设线缆应通过滑轮牵引，中间不得出现过度弯曲；严禁出现扭角及打小圈现象。线缆跨越电力线、接近易燃物或居民楼房等易遭破坏地段，应采用塑料保护板保护。为了保证架空线缆施工质量，在施工中对电杆与其他建筑物最小水平净距、架空线缆最低条跨越其他建筑物（及地形）的最小垂直距离，以及线缆与其他电力线缆交叉跨越的间隔距离，要求按表 3-11 与表 3-12 严格执行。

表 3-11　电杆与其他建筑物间隔的最小水平净距

序号	建筑物名称	说　明	最小水平净距（m）	备　注
1	铁路	电杆与铁路最近钢轨的水平距离	11H/3	H 为电杆露出地面的杆高，下同
2	公路	电杆间距视公路情况可以增减	H	或满足公路部门的要求
3	人行道边沿	电杆与人行道边平行时的水平距离	0.5	或以城市建设部门批示为准
4	通信线路	电杆与电杆的距离	H	
5	地下管线（煤气管等）	电杆与地下管线平行的距离	1.0	
6	地下管线（电信管道、直埋线缆）	电杆与地下管线平行的距离	0.75	
7	房屋建筑	电杆与房屋建筑边缘的距离	2.0	

表 3-12　架空线路（包括光缆）最低条跨越其他建筑物（及地形）的最小垂直距离

序　号	建筑物名称	最小垂直距离（m）	备　注
1	铁路	7.5	指最低导线距铁轨最小垂直距离
2	公路、市区马路（可行驶大型汽车）	7.5	
3	一般道路	5.5	距一般道路路面的距离
4	通航河流	1.0	在最高的水位时，距通航河流中船只顶点的距离
5	不通航河流	2.0	在最高水位时，距漂浮物顶点的距离

续表

序　号	建筑物名称	最小垂直距离（m）	备　注
6	房屋	2.0	距房屋屋顶的距离
7	其他通信线缆	0.6	与其他通信线缆相互交越时的最小距离
8	树林	1.5	距最高树枝的距离
9	沿街建筑	4.0	
10	高农作物地段	3.5	与农作物和农用机械的最高点间的净距
11	其他一般地形	3.3	距地面的最小距离

二、线路施工基本技能训练

（一）大对数电缆的接头制作

实训器材：HYA 系列 25 对全色谱通信电缆若干、电缆线序示教板一套、分线盒若干个。

配套工具：铁锤、扳手、卷尺、钢丝钳、断线钳、电工刀。

实训步骤如下：

① 按规定确定芯线长度。

② 将电缆接头护套剥开，了解电缆组成结构。

③ 剥开护套后，按色谱顺序将芯线束折回在电缆接头两侧。

④ 从电缆两侧折回芯线束中，按编号和色谱顺序，接出相接的线对，先接 a 线，后接 b 线。在接续时，a 线与 a 线按"左压右"交叉，然后扭绞 1～3 个花；再将两线合并，依此类推。

⑤ 根据预留长度，减去余线（直线型预留 2.5 cm，复接型预留 3～5 cm），然后将线插入接线端子进线孔内，并一直插到底部。

⑥ 选用适当的压接钳，将接线端子放入压接钳钳口内进行压接。压接时要注意压到底为止。

⑦ 将编制好的电缆装入分线盒。

⑧ 记录色谱。

（二）市话电缆模块接续

1. 电缆模块接线排相关知识

大对数电缆通常采用电缆模块接线排连接。电缆模块接线排主要由四个部分组成：底座（深黄色，有黑点标记）、本体（次深黄色，上下有卡接刀片和切割刀片）、上盖（浅黄色）、防潮罩（又称防潮盒，盒内有硅脂）。与其他接续方法相比，采用电缆模块接线排连接具有接口排列整齐均匀、接头性能稳定、模具化、标准化、操作简单、容易掌握等优点，是较好的连接方式。

2. 模块接线子接续规定

接续时要按设计要求的型号选用电缆模块接线排；接配线电缆芯线时，模块下层接 b 线，上层接 a 线；接续不同线径电缆时，模块下层接细线径，上层接粗线径；接续应保证排列整齐，松紧适度，线束不交叉，接头呈椭圆形；无错线，芯线绝缘电阻合格。

3. 模块接线排专用工具组成部件

- 电缆固定架：用于安放接头及确定电缆接头的长度。
- 接头固定座及横动杆：起固定接头的作用。
- 接头：用于安放电缆模块接线排及进行接续时按色谱安放线对。
- 模块开启钳：用于开启已接好的模块，修复障碍时用。
- 检查梳：用于目视检查安放好的色谱 a 线 b 线位置是否正确。
- 修补工具：用于由于某种原因产生 a 线、b 线接反接错、断线等问题时进行修补的工具。
- 压接泵（压接器）：是手动液压泵，压接模块用。
- 测试插针：在接续完毕后，用于单线对线路测试。
- 六角螺丝钳：用于拆装操作。

4. 电缆护套开剥长度

接续时，电缆接头塑料护套开剥长度根据接续长度而定，如采用一字形折回接续时（常用接线排分为一字形、V 字形和 T 字形）：开剥长度=（接续长度×2）+152（mm）。

电缆芯线接续长度如表 3-12 所示。

表 3-12 电缆芯线接续长度

序 号	电缆对数	线 径(mm)	接续长度(mm)	电缆接头内/外径（mm）			
				一字形直接		一侧折回直接	
				标准型卡接板	超小型卡接板	标准型卡接板	超小型卡接板
1	400	0.4	432	69	64	64	64
		0.5	432	64	71	74	71
		0.6	432	64	76		102
		0.7	432			109	102
		0.8	432	64	76		102
2	600	0.4	432	97	114	114	81
		0.5	432	104	119	119	99
		0.6	432				122
		0.7	432	109	127	127	122
		0.8	432				122
3	900	0.4	432	107	114	114	104
		0.5	432	117	135	135	127
		0.6	432		114		147
		0.7	432	132		173	147
		0.8	432		114		147
4	1 100	0.6	483		127		165
		0.7	483	170		185	165
		0.8	483		127		165
5	1 200	0.4	432	130	102	157	119
		0.5	432	137	109	163	127
6	1 500	0.4	483	147	114	165	137
		0.5	483	155	122	170	145
7	1 800	0.4	483	150	127	178	152
		0.5	483	157	135	185	160
8	2 100	0.4	483	165	137	188	157
		0.5	483	173	145	196	165
9	2 400	0.4	483	178	145	201	165
10	2 700	0.4	483	183	152	208	183
11	3 000	0.4	483	191	165	211	193
12	3 600	0.4	483		178		203

（三）交接箱的安装

交接箱安装可分为架空式、落地式、墙壁（挂）式等几种形式。交接箱的安装地点除由主干线缆总长度决定外，还与交接区的地形及其他因素（如基建投资、维护费等）有关。从理论上讲，它应安装在交接区的几何中心、配线线缆长度的最短处。从主干线缆使用量来考虑，交接箱安装在交接区的起点为好。一般交接箱安装在靠近电信局一方，最好的位置是安装在交接区的起点而略偏向交接区的中心，这样主干线缆长度短；分裂或合并新交接区时，方便安装新交接箱和改接线缆，用户线不会走回头线。交接箱安装必须坚实、牢固、安全可靠，箱体应横平竖直，箱门应有完好的锁定装置。安装时应确保零配件齐全，端子牢固。编扎好的成端线缆应美观，线束应与25 对模块接线排中心位置对称且分布均匀。在箱体内，固定、绑扎应牢固；布线应合理、整齐，且不影响模块支架开启。交接箱编号、线缆及线序编号等标志应正确、完整、清晰、整齐。

① 架空交接箱的安装步骤如下：
- 立 H 形杆。
- 安装上杆钉等附件。
- 安装工作平台。
- 安装交接箱箱体。
- 穿放成端线缆。
- 埋上杆铁管。
- 制作箱外气塞。
- 将箱内各成端线缆屏蔽层引出线连接在一起，经过有绝缘护套的接地线接地（接地电阻不大于 10 Ω），但不得与箱体金属部分及平台相连。

② 落地交接箱安装。
- 落地交接箱安装位置的选择与架空交接箱相同，并应和交接箱基座、人孔、手孔配套安装。基座高度可根据各地区地势情况而定，一般防雨的高度以 300 mm 为宜。
- 交接箱基座距离人孔、手孔一般要求不超过 10 m，且要求敷设水泥管或塑料管，不得采用小通道方式。
- 在交接箱的基座四角上应预先铸好地脚螺丝（鱼尾穿钉）用来固定交接箱，并在基座中央预留一个长方形孔洞（800 mm×170 mm）作为线缆的出入口。
- 交接箱与基座接触处应抹"八字灰"，以防进水。

（四）电缆进局

线路敷设完毕后，电缆须引入局所，与局内电信设备相连，才能实现通信。电缆进入机房时，进局电缆要经过地下进线室与室内电缆对接。地下进线室的电缆排列位置及其引上方法如图 3-36所示。电缆进局后，在地下进线室要用分散上线方式，由地下进线室支架引上至 MDF（MDF 是安装在市话局的总配线架），通过 MDF 可以调整配线和测试局内外线路。MDF 是全局的通信线路枢纽，要有一定的防雷接地措施加以保护。

在电缆进入机房或交接箱或接线盒时要进行电缆成端，即电缆的终结处理。在通信工程中，不同的电缆、不同的使用场合有不同的成端方法。不同规格和型号的电缆，所采用的接续方法也不尽相同。机房用的电缆是全塑的非填充型阻燃电缆，室外用的全塑电缆并不阻燃。目前应用广泛的填充型电缆是充油膏的，油膏不容易去掉，易引来灰尘，时间久了绝缘性能会下降。成端电缆应选用阻燃、全色谱、有屏蔽的电缆，如 HPVV 或 PVC 全塑电缆。成端操作包括电缆芯线的对接、线芯绝缘保护、电缆内护层保护、电缆外护套保护、气闭保护等过程。成端接头的制作方法有热塑套管法和热缩套管法等。电缆在接续过程中所用到的工具很多，如焊锡、喷灯、芯线套管、热缩套管、绝缘胶布、电缆接头盒、各类扳手、克丝钳、偏口钳、尖嘴钳和测试工具等。

（五）光缆的接续

接续光缆使用的是光纤熔接机，它是线路维护的重要工具。光纤熔接机采用电极放电使光纤熔合在一起，从最原始的手动调节发展到现在的自动对焦，采用了步进电机驱动，在制备好光纤端面后，在步进电机的驱动下，自动根据图像进行对准，并在放电熔接过程中自动推进，尽量降低熔接损耗。光纤熔接机在判断光纤端面是否制备良好及光纤对准、判断熔接效果的过程中，采用了复杂的成像技术，根据图像来判断效果。现在最先进的光纤熔接机对熔接的判断，已经基本接近 OTDR 测试的结果，可信度很高。正确使用光纤熔接机要注意以下几点。

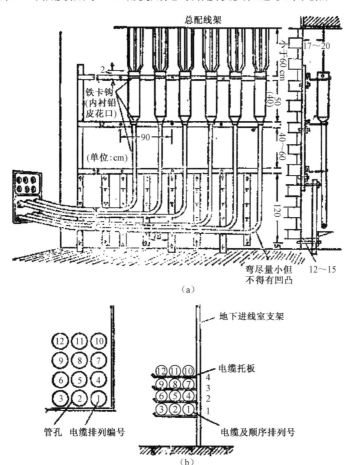

图 3-36　地下进线室的电缆排列位置及其引上方法

- 光纤熔接机属于精密装置，在保管、运输和使用过程中必须轻拿轻放，防止内部零件受损；不使用时要放置在专用保管箱中。
- 注意经常清洁和保养，保管期间定期通电，使其处于良好状态。
- 在室外使用时要注意防风、防尘、防水（如果使用现场的环境较差，必须使用帐篷），特别是每一次熔接完毕，要注意盖上防风盖。
- 光纤放上 V 形槽前要清洁干净，如果光纤未清洁干净，使油膏、灰尘粘在 V 形槽上，将会造成光纤熔接机无法对准，甚至步进电机不断重复动作导致设备损坏。
- 光纤放置在 V 形槽上时要放正，如果过于靠前或靠后，都将造成步进电机行程过长，多次积累甚至会造成步进电机不能达到预定位置，致使熔接无法进行（若遇这种情况，须重启光纤熔接机使步进电机复位）。

- 熔接前的放电试验不能省略：放电试验的目的是使光纤熔接机在新的使用环境下，自动调整其放电强度和放电次数，使放电效果最佳，每次试验后光纤熔接机都将存储参数，使下次放电试验参照这些参数进行，从而保证熔接的质量。
- 光纤熔接机电源必须使用稳压器（新型光纤熔接机如住友 TYPE37 已有充电电池）。
- 光纤熔接机必须接地，因为人体或环境所产生的静电有可能会损坏光纤熔接机内部电路。

光缆接续包括光缆开剥及固定、光纤熔接、盘纤、固定接头盒这几道工序。操作方法和步骤如下。

1. 光缆开剥及固定

① 开剥光缆外护层、铠装层，如该光缆有铠装层，则根据接头需要长度（130 cm 左右）把光缆的外护层、铠装层剥除。光缆开剥长度根据不同的接头盒确定。

② 按接头需要长度开剥内护层，将护套开剥刀移至光缆开剥位置，调整好护套开剥刀的刀片进深，沿光缆横向绕动护套开剥刀，将光缆护套割开后移开护层开剥刀，轻折光缆，使护套完全断裂，然后拉出光缆护套。

③ 打开光缆缆芯，将加强芯固定在接头盒的加强芯固定座上，用卡钳剪断加强芯并留余长 2 cm，此时光缆端面应与接头盒中支架板压缆卡平齐。

④ 接头盒进缆孔处光缆绕包一层密封胶带（如接头盒带有密封圈则不用另绕密封胶带），并旋紧压缆卡，以固定光缆。

⑤ 选用束管钳适合的刀口，将松套管放入该刀口，夹紧束管钳，将松套管切断并拉出，单次去除松套管不宜过长。

⑥ 使用扎带按松套管序号将光纤固定在集纤盘上。每根光纤松套管可穿入塑料保护套管，并编号。

2. 光纤熔接

光纤熔接采用光纤熔接机。各种光纤熔接机有相应的操作说明，大体步骤如下：

① 电源连接。光纤熔接机供电由交流电源或电池供电，根据情况选择。

② 启动光纤熔接，选择或编辑熔接模式。

③ 制备光纤端面，步骤如下：

- 清洁光纤涂覆层，用蘸有酒精的清洁棉球清洁光纤涂覆层（从光纤端面往里大约 100 mm）。如果光纤涂覆层上的灰尘或其他杂质进入光纤热缩管，操作完成后可能造成光纤的断裂或熔融。
- 套光纤热缩管，将光纤穿过热缩管。
- 用涂覆层剥离钳剥除光纤涂覆层，长为 30～40 mm。用蘸有酒精的清洁棉球清洁裸纤。注意不要损伤光纤。

④ 光纤端面切割。使用光纤端面切割刀切割光纤，步骤如下：

- 掀开夹具，提起砧座；把光纤放入 V 形槽。ϕ0.25 mm 光纤切割长度为 8～17 mm；ϕ0.9 mm 光纤切割长度为 17 mm。
- 轻轻地关闭夹具，直到听到咔哒声；沿设备上标注的方向指示轻轻地推动刀座，并用拇指和食指将其保持住。
- 按下砧座直到夹具弹起。
- 打开夹具，提起砧座，先去除光纤切割碎片并将其放入适当的容器中，然后从 V 形槽中取出光纤，此时保持光纤切割端面的清洁和无缺损是非常重要的，应立即将光纤放入光纤熔接机，避免光纤端面与任何物体接触。

⑤ 在光纤熔接机上放置光纤。

● 打开光纤熔接机的防风罩。

● 打开左、右光纤压板，提起光纤压板也就打开了光纤压脚。

● 放置光纤于 V 形槽中，光纤端面必须放置在 V 形槽前端和电极中心线之间，放置光纤时应注意防止光纤端面接触任何物体，以免损伤端面。

● 轻轻关闭光纤压板以压住光纤。

● 以同样的方法制备和安装第二根光纤。

● 关闭防风罩。

⑥ 熔接操作。

● 开始熔接，按"SET"键向前移动两根光纤，在完成电弧清洁放电后，光纤将停止在预先设定的位置。

● 光纤状态检查、角度测量和对准操作。光纤熔接机将测量每根光纤的切割角度，并对准光纤；当光纤状态有误或切割角度超出切割角度容限时，光纤熔接机会发出警告，并显示错误信息，此时须重新制备端面。即使没有切割角度的错误信息提示时，也应按"RESET"键并重新制备光纤端面。

● 电弧放电加热。如果光纤状态检查及角度测量没有发生错误，那么光纤熔接机将自动对准两侧光纤，之后光纤熔接机产生高压放电电弧，将光纤熔接在一起。

● 熔接检查。如果熔接状态异常，光纤熔接机将显示错误信息。

● 熔接损耗估算，熔接损耗估算值在屏幕上显示，当超过熔接损耗容限时，将显示错误信息，此时须重新熔接。

⑦ 取出光纤。

● 打开防风罩及加热器夹具。

● 把光纤热缩管移至光纤熔接机左光纤压板，用左手拿住（以热缩管套在左光纤上为例），然后打开右侧光纤压脚和光纤压板，最后打开左侧光纤压脚和光纤压板。

● 左手拿住热缩管，右手拿住右侧光纤，从光纤熔接机中取出光纤。

⑧ 熔接点加固。

● 将光纤热缩管滑至熔接处的中心，并确保加固金属体朝下。

● 拉紧光纤的同时，将光纤放入加热器的中间位置，左边加热器夹具将自动关闭。

● 继续拉紧光纤，用左手关闭右边加热器夹具。这样可防止光纤在热缩管内扭曲。

● 按"HEAT"键，开始加热，加热完毕后，光纤熔接机会发出报警声且加热灯熄灭（加热时间可调）。

● 打开左右加热器夹具，拉紧并轻轻取出加固后的光纤，有时热缩管可能粘在加热器底部，此时可用一根棉签或同样柔软的尖状物体轻轻拨动热缩管，就可将其拿出。

● 观测热缩管内是否有气泡和杂质，如有气泡，须再加热一次。

3. 盘纤

光缆接头前后必须有一定长度的裸纤，一般完成光纤熔接后的余留长度（光缆开剥处到接头间的长度）为 60～100 cm。光纤留有裸纤余长，一是再连接的需要，二是传输性能的需要。光纤的盘留，对弯曲半径、放置位置都有严格的要求，过小的半径或光纤受到挤压，都将产生附加损耗。因此，必须保证光纤有一定的长度才能将其按规定要求妥善地放置。

无论何种方式的光缆接续护套、接头盒，都有光纤余留部分的收容位置，如盘纤盒、余纤板、收容仓等。光纤收容有近似直接法、绕筒式收容法、存储袋筒形卷绕法、平板式盘绕法等。用得最多的是平板式盘绕法。其操作顺序如下：

① 固定热缩管。分别将热缩管固定在集纤盘同侧热缩管固定槽中，要求整齐且每个热缩管中的加强芯均朝上，如图 3-37 所示。

② 收容余纤。将余纤绕成圈后用胶带固定在集纤盘中，然后依次将其余几处的余纤固定在集纤盘中，如图 3-38 所示。

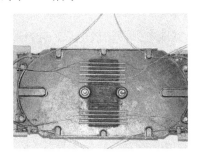
图 3-37　固定热缩管

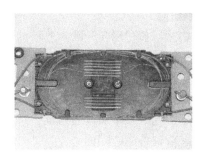
图 3-38　收容余纤

平板式盘绕法是最常用的余纤收容方法，这种方法对松套、紧套光纤均适合，盘绕较方便，但在同一板上余留多根光纤时，容易混乱，查找某一根光纤或重新连接时，操作较麻烦且容易折断光纤。解决的方法是采用单元式立体分置方式，即根据光缆中光纤数量，设置多块盘纤板，层叠放置。

4．固定接头盒

如果光纤接头盒本身不带有密封圈，则在合上光缆接头盒前，应在接头盒接合处垫上密封胶带，然后固定接头盒。

（六）成端光缆安装

光缆在机房中要引入配线架，在线路枢纽点要引入光缆交接箱。现以光缆交接箱的成端光缆安装方法为例，步骤如下所述。

① 将光缆从箱体的下方光缆入口引入箱体。

② 开剥光缆，开剥长度为开剥处到集纤盘的长度加集纤盘内光纤余留长度，加强芯应预留 4 cm。

③ 用束管钳去除光缆松套管（应余留 4 cm 左右的松套管），将光纤清理干净，套上塑料保护套管。

④ 塑料保护套管与光缆开剥接口处用绝缘胶带缠紧（加强芯一并缠入）。

⑤ 将光缆加强芯穿入分支架内固定柱中，用螺母紧固。

⑥ 将套上塑料保护套管的光纤通过卡环引入集纤盘，并用扎带固定在集纤盘上。

⑦ 安装适配器、尾纤，如图 3-39 所示，适配器按从左到右排列。

⑧ 熔接尾纤与配线光缆或主干光缆光纤。

⑨ 把光纤熔接接头固定在集纤盘热缩管固定槽中，并盘留光缆余纤和尾纤，用扎带把光纤固定在集纤盘中，可防止光纤散乱，如图 3-40 所示。

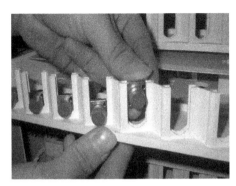

图 3-39　安装适配器及尾纤

图 3-40　盘留光缆余纤及尾纤

⑩ 盖好集纤盘盖板，把集纤盘推入导轨，同时把套入塑料保护套管的光纤按预定光纤走线方向布放在箱内，如图 3-41 所示。

（七）光缆的测试

光缆测试使用 OTDR，OTDR 的英文全称是 Optical Time Domain Reflectometer，中文意思为光时域反射仪，是利用光纤传输中的瑞利散射和菲涅尔反射所产生的背向散射现象制作的仪表，被广泛地应用于光缆线路的维护、施工之中，可进行光纤长度、光纤的传输衰减、接头衰减和故障定位等的测量，实物如图 3-42 所示。

图 3-41　光缆交接箱内光纤的布放

图 3-42　光时域反射仪

使用 OTDR 要注意以下几点：
- 要按照正确的顺序开关机，尽量避免突然断电（如突然断电，要注意关闭电源并取下电源线），防止电流冲击打坏仪表。
- 避免运输及使用过程中振动损坏仪表。
- 连接光纤进行测试前，注意清洁光纤，并且注意 FC 头要连接得松紧适当，防止损坏 OTDR 的光接口连接器。

● 选择适当的量程进行测试；保证测试长度约为量程的 2/3。

● 开始进行测试前，根据实际情况选择适当的脉冲宽度、折射率、波长。

● 如果对操作没有把握，先查阅说明书或请教有经验的人。

用 OTDR 测试光缆的步骤和方法如下。

1. 连接待测光纤

将待测光纤连接到光接口连接器。在实际工程测试中，为了排除盲区对测试的影响，待测光纤应通过一段假纤（测试延长线）连接到 OTDR。

2. 接通电源

OTDR 使用充电电池或外接 220 V 市电供电。接通电源后，仪表自检，然后屏幕显示各种应用，主要有：

● "OTDR 模式"：用于观察、分析测试轨迹，提供了常规 OTDR 的全部功能。

● "光纤断裂定位器"：是简化的轨迹分析模块，可快速确定光纤断裂的位置。

● "源模式"：可为损耗测量提供稳定的激光源，以及用固定调制频率进行识别。

● "仪器配置"：可对 OTDR 的一般功能进行配置。

● "文件共用程序"：可查看 OTDR 的内部文件结构或添加设备，以及复制、删除或打印文件。

● "轻松 OTDR"：可帮助使用者观察轨迹，进行简单的操作，如打印和进行预保存设置。

● "多光纤测试"：可定义多达 4 个测量进程，并且将其应用于多光纤测量。

● "OTDR 助手"：可帮助使用者进行典型的 OTDR 测试，并且会提示需要调整哪些参数。

● "OTDR 培训"：帮助使用者学习 OTDR 的使用。

3. 设置参数

测试光纤事件位置、光纤长度、损耗、衰减系数等项目主要使用"OTDR 模式"进行。在应用屏幕上用"标识"键选择"OTDR 模式"，按"选定"键进入具有两个光标（A、B 光标）的空白测试主窗口。此时，"选定"键功能为弹出菜单。按下"选定"键，弹出一个操作菜单，用"标识"键选择"设置"菜单，并按"选定"键进入"测量设置屏幕"界面，设置测试参数。

4. 测量

设置好参数后，按"运行/停止"键，发射光脉冲，开始进行取样，空白主窗口显示一条后向散射曲线。再按一次"运行/停止"键或等待右下角指示的测量时间结束，则不再进行取样。停止取样后，OTDR 将进行自动扫描，扫描完成后，事件栏中显示各个事件所对应的符号；生成一个事件表；同时在参数窗口中显示 A 至 B 距离、两点损耗、在 A/B 点插损、在 A/B 点反损及至 A/B 点插损等。

5. 测量读取

1）自动测量时从事件表中读取测量结果

事件表中的结果是扫描后自动生成的。从事件表中可以读取所需的被测光纤测量结果。如图 3-43 所示为测试主窗口，该光纤后向散射曲线共显示 10 个事件。

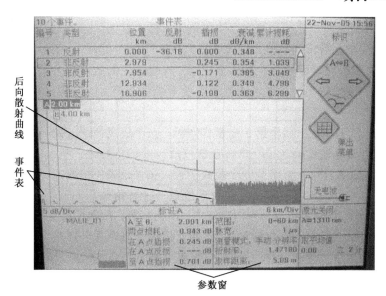

图 3-43   测试主窗口

① 接头损耗。接头损耗从事件表中插损一栏读取。如第 1 个固定接头为事件表中的第 2 个事件，它所对应的插损为 0.245 dB，即第 1 个固定接头的损耗是 0.245 dB。

② 累计损耗和总损耗。从起点（光接口连接器）到某个事件的累计损耗从事件表中累计损耗一栏读取，例如，从起点至第 4 个事件（第 3 个光纤固定接头）的累计损耗为 4.798 dB。

总损耗为一整条链路的光纤损耗、接头损耗等所有损耗的累计值。

③ 衰减系数。衰减系数即光纤的平均损耗。光纤平均损耗从事件表中衰减一栏中读取，如第 2 段光纤的平均损耗为 0.348 dB/km。

④ 断裂处位置。光纤断裂处在后向散射曲线上表现为一个反射峰，事件类型属反射事件。

同样，其他事件发生的位置也可从事件表中读取。

⑤ 链路总长。链路总长就是结束点位置，也就是最后一个反射事件的位置。

2）手动测量时读取测量结果

读取测量结果的关键在于 A/B 两光标的设置。读取时不用显示事件表，进入"弹出菜单"，选择"查看"选项，进入"查看"菜单，把"事件表"上的勾去掉就可关闭事件表。

（1）光纤长度。

① 光纤总长。测量光纤总长步骤如下：

第一步，把 A（或 B）光标移至后向散射曲线的结束位置，此时光标只是粗略定位。

第二步，按"放大"键（即"标识"键中的向下键）进行放大，再精确定位，把光标定位在后向散射曲线结束处反射峰的上升沿前的转角处，此时光标上显示的数值即为光纤总长。

第三步，如经放大后仍无法进行精确定位，可打开"弹出菜单"，选择"缩放"选项进行横向和纵向放大或缩小，达到满意效果后按"完成"键（即"选定"键），然后进行光标的准确定位。光标准确定位后光标上显示的数值就是光纤的总长。

② 某段光纤的长度。如测量第 5 个事件与第 6 个事件之间的第 5 段光纤的长度，步骤如下：

第一步，将 A（或 B）光标移至第 5 个事件附近，按"放大"键放大，如无明显效果可再进行缩放。放大后，进行光标的精确定位，定位在曲线前一个转角处。

第二步，将B（或A）光标移至第6个事件附近，按"放大"键放大，如无明显效果可再进行缩放。放大后，进行光标的精确定位，定位在曲线前一个转角处。

第三步，A、B光标精确定位后，参数窗口中"A至B"的数值即为第5段光纤的长度。

（2）某段光纤的损耗与衰减系数。如测量第5个事件与第6个事件之间的第5段光纤的损耗与衰减系数，步骤如下：

第一步，将A（或B）光标移至第5个事件附近，按"放大"键放大，如无明显效果可再进行缩放。放大后，进行光标的精确定位，定位在曲线后一个转角处。

第二步，将B（或A）光标移至第6个事件附近，按"放大"键放大，如无明显效果可再进行缩放。放大后，进行光标的精确定位，定位在曲线前一个转角处。

第三步，A、B光标精确定位后，参数窗口中"两点损耗"的数值即为第5段光纤的损耗。"两点衰减"的数值即为第5段光纤的衰减系数。"两点损耗"与"两点衰减"在参数窗口里不能同时显示。可进入"弹出菜单"，按"分析"选项，进入"分析"菜单，在"两点损耗"边上打勾，则在参数窗口中显示"两点损耗"的数值；在"两点衰减"边上打勾，则在参数窗口中显示"两点衰减"的数值。由于可能存在事件盲区，所以测试某段光纤的损耗时可能存在一定的误差。

（3）事件位置。把任一光标移至待测事件附近，经放大后（放大方法同前），再把光标精确定位在待测事件处。如测第9个事件断裂点的位置时，光标显示的数值即为断裂点位置。断裂点位置也可以通过屏幕中的"光纤断裂定位器"来测量。进入"光纤断裂定位器"界面后，可对"折射率""波长"与"门限"进行设置，然后按"运行/停止"键开始测量，稍后显示测量结果。

（4）至某个事件的累计损耗。与测量事件位置一样定位光标。参数窗口中"至A（或B）点插损"的数值就是至某个事件的累计损耗值。如把B光标定位在第8个事件处，参数窗口中"至B点插损"的数值就是至第8个事件的累计损耗值。

（5）接头损耗。把任一光标移至该接头附近，在参数窗口中"在A（或B）点插损"的数值就是该接头的损耗值。例如，把B光标移至第7个事件附近，参数窗口中"在B点插损"的数值就是该接头的损耗值。测试接头损耗与测试累计损耗不同，不用精确定位，只要把光标移动到该接头附近即可。

6. 保存测量信息

保存测量信息不仅保存结果，同样保存测量参数、事件表和水平偏移信息。以后调用测量信息时，可进一步分析该测量过程或与其他测量过程进行比较；也便于操作者使用与上一次相同的参数重复测量。将测量信息保存在OTDR内部存储器的操作方法与计算机保存文件类似。

三、实际通信线路施工

实际线路施工须综合应用各种通信线路施工的技能。教学时可通过与当地通信工程公司联系，采取施工录像观看、现场观摩、实际操作等方式，典型实训项目如下。

（一）架空杆路工程施工

架空杆路工程施工可以让学生深入工程实际，将理论与实践有机结合。实训内容如下：

● 熟悉架空杆路工程全套施工流程：复标→施工测量→打洞立杆→电杆加固→拉线安装→吊线安装→地线安装→电杆标号。

- 按施工流程逐工序实习，掌握施工现场管理要点。
- 熟悉施工安全控制。
- 掌握施工质量控制。
- 掌握施工进度控制。
- 熟悉施工成本控制。
- 掌握相关工序的施工技术。
- 熟悉工程建设标准在工程实际中的应用。
- 掌握常用仪器仪表、工具器材和设备的使用方法。

（二）管道工程施工

管道工程施工要求学生熟悉通信线路工程中管道工程施工的流程，基本掌握施工质量、安全、进度和成本控制及工程项目管理和施工现场管理技术。实训内容如下：

- 熟悉通信管道工程全套施工流程：复标→施工测量→开挖路面→开挖土方→做基础→加筋→敷设管道→填沙浆→管道包封→砌砖→抹面→开天窗→做人（手）孔上覆→安装铁盖。
- 按施工流程逐工序实习，掌握施工现场管理要点。
- 熟悉施工安全控制。
- 掌握施工质量控制。
- 掌握施工进度控制。
- 熟悉施工成本控制。
- 掌握相关工序的施工技术。
- 熟悉工程建设标准在工程实际中的应用。
- 掌握常用仪器仪表、工具器材和设备的使用方法。

（三）电缆布放及配套设备安装

电缆布放及配套设备安装要求学生熟悉通信线路工程中电缆布放及配套设备安装工程施工的流程，基本掌握施工质量、安全、进度和成本控制及工程项目管理和施工现场管理技术。实训内容如下：

- 熟悉架空电缆布放的全套施工流程：施工测量→器材检验→单盘检验→电缆配盘→选择布放方法→电缆布放→电缆的防护→电缆芯线接续、测试→电缆接头封合→电缆接头的安装固定。
- 熟悉管道电缆布放的全套施工流程：施工测量→器材检验→单盘检验→电缆配盘→选择布放方法→人孔抽积水→检查管孔→电缆布放→电缆的防护→电缆芯线接续、测试→电缆接头封合→电缆接头的安装固定。
- 熟悉交接箱配线管道电缆线路工程的全套施工流程：施工测量→器材检验→人孔抽积水→布放交接箱成端电缆→布放引上电缆→电缆芯线接续→电缆接头封合→电缆测试。
- 按施工流程逐工序实习，掌握施工现场管理要点。
- 熟悉施工安全控制。
- 掌握施工质量控制。
- 掌握施工进度控制。
- 熟悉施工成本控制。

- 掌握相关工序的施工技术。
- 熟悉工程建设标准在工程实际中的应用。
- 掌握常用仪器仪表、工具器材和设备的使用方法。

➡ 实训作业

- 脚扣登高实训过程记录。
- 拉线上把制作过程记录。
- 墙壁线路的敷设过程记录。
- 管道电缆的敷设过程记录。
- 光缆接续过程记录。
- 光缆线路测试过程记录及测量结果分析。
- 参加实际线路施工，并记录实际施工过程。
- 撰写体会总结。

项目四　通信设备安装与调试

➡ **实训目标**

本项目选择无源光网络系统和视频监控系统作为典型通信设备安装与调试的对象。通过本项目的学习，学生可以掌握无源光网络系统和视频监控系统的工作原理和应用方法，了解和掌握无源光网络机房的布设、机柜的安装、电源系统的安装、OLT 设备的安装与配置等相关知识;也可以掌握视频监控系统中前端系统、传输系统、控制系统及显示与存储等各种设备的安装与调试。本项目要求学生首先掌握通信工程中典型通信系统的工作原理，了解系统工程的设计配置要求，学习和了解系统设备各组成模块的功能，熟悉各种设备接口，完成不同系统的组建，通过软件配置，完成具体的工程目标。

➡ **能力标准**

- 了解无源光网络系统工作原理，熟悉无源光网络的基本组成。
- 掌握典型无源光网络设备的安装与调试方法，如 OLT 的数据配置、系统调试等。
- 掌握视频监控系统的工作原理，熟悉视频监控系统的基本组成。
- 掌握典型视频监控设备，如各种摄像机、硬盘录像机、视频矩阵等的安装与调试方法。

➡ **项目知识与技能点**

OLT、ODF、ODN、分光器、ONU、GPON、机房布线、参数配置、视频监控、摄像机、解码器、视频矩阵、硬盘录像机、网络摄像机、模拟监控系统、数字网络监控系统。

模块一　PON 设备安装与调试实训

一、PON 设备简介

（一）常见的 OLT 设备

常见的 EPON 设备主要有中兴通讯研制的 ZXA10C200、ZXA10C320；华为研制的 MA5680T、MA5683T、MA5608T；烽火通信研制的 AN5516 等。典型 OLT 设备外形如图 4-1 所示。

ZXA10C320 是面向下一代光接入网络的紧凑型、高密度的全业务 xPON 汇聚光接入平台，支持 GPON/EPON/P2P/10G EPON/XG-PON1 平台接入，支持 HSI、VoIP、IPTV、CATV、移动回程、Wi-Fi 等全业务的接入汇聚和管理控制，提供电信级的 QoS 与安全可靠性保障。ZXA10C320 单板类型主要包括：GPON 或 EPON 业务板、主控板和上联板。业务板实现 PON 业务接入和汇聚，与主控板配合，实现对 ONU/ONT 的管理。主控板负责系统的控制和业务管理，并提供维护串行接口与网络接口，以方便维护终端和网管客户端登录系统。上联板上行接口上行至上层网络设备，它提供的接口类型包括：GE 光/电接口、10GE 光接口、E1 接口和 STM-1 接口等。

华为 MA5608T 机箱高度为 2U，不带挂耳的外形尺寸为 442mm×244.5mm×88.1mm（宽×深×

高），支持 IEC（19 英寸）和 ETSI（21 英寸）两种机柜，根据机柜的不同，应采用不同的挂耳。
单板型 MA5608T 主要包括：GPON 或 EPON 业务板、主控板和上联板。业务板用于实现 PON 业务接入和汇聚，与主控板配合，实现对 ONU/ONT 的管理。主控板负责系统的控制和业务管理，并提供对串口与网口的维护，以便维护终端和网管客户端登录系统。上联板上行接口上行至上层网络设备，它提供的接口类型包括：GE 光/电接口、10GE 光接口、E1 接口和 STM-1 接口。

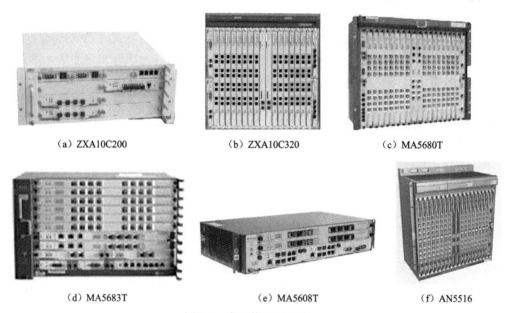

(a) ZXA10C200　　　　(b) ZXA10C320　　　　(c) MA5680T

(d) MA5683T　　　　(e) MA5608T　　　　(f) AN5516

图 4-1　常见的 OLT 设备

（二）常见的 ONU

ONU 设备主要分为两类，具有多个以太网接口、实现 FTTB 接入的 ONU 称作 MDU（Multi-Dwelling Unit，多住户单元）；具有少量以太网接口、实现 FTTH 接入的 ONU 称作 ONT。华为研制的 GPON 产品中，ONU 有 MA5626、HG850a 等；中兴通讯出品的 ONU 系列包括 ZXA10F400、ZXA10F420、ZXA10F460、ZXA10F620 等。典型 ONU 产品外观如图 4-2 所示。

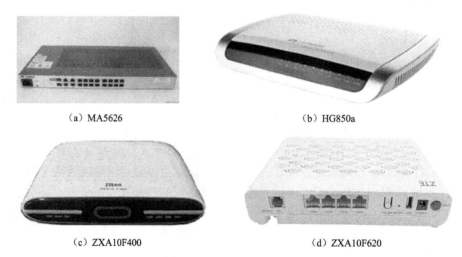

(a) MA5626　　　　　　　(b) HG850a

(c) ZXA10F400　　　　　　(d) ZXA10F620

图 4-2　常见的 ONU 设备

MA5626 在 GPON 系统中作为多路接入设备，可实现 VoIP、以太网接入，其 GPON 光接口采用单模光模块，下行支持 2.488Gbps，上行支持 1.244Gbps 的速率。MA5626 配有维护串行接口，可满足本地维护或远程维护的需求。

HG850a 设备作为 GPON 终端设备，可提供 4 个 100Base-TX 全双工以太网接口和 2 个 POTS（Plain Old Telephone Service，传统电话业务）接口；通过以太网接口连接 PC、STB 等，实现数据、视频业务的接入；通过 POTS 接口连接电话或传真机，实现 VoIP 语音或 IP 传真业务的接入；用于视频监控系统时，网络摄像机或编码器可通过以太网接口接入。

（三）其他数据通信设备

PON 中心机房的数据通信设备通常包括交换机、路由器和各种服务器等。如图 4-3 所示。

（a）交换机　　　　　　　　　（b）路由器　　　　　　　　　（c）服务器

图 4-3　PON 机房常见的数据通信设备

二、PON 组网规划

利用 PON 技术可以实现 FTTC、FTTB、FTTH 等不同的组网类型。在业务上，PON 可以为用户提供高速上网业务、基于 IP 网络的高质量且低成本的 VoIP 电话服务和视频业务，即所谓"三网融合"业务。各种终端设备的上行方向通过 PON 端口连接分光器，与网络侧的 OLT 设备对接，提供综合接入服务，下行方向通过 LAN 侧丰富的接口与各种终端设备连接，实现 Triple-Play 服务。以中兴系列设备组建的典型网络结构如图 4-4 所示。在用户终端设备通过 ONU（ZXA10F620）与分光器连接，分光器接入 ZXA10C320 的接口 GPON_1/1/1；视频业务通过视频服务器接入；语音业务通过交换机 IBX1000 与公共电话网对接；数据业务通过 BRAS 服务器认证后接入 Internet。三种业务的汇聚交换机与 OLT 的上行接口 gei_1/4/3 连接。

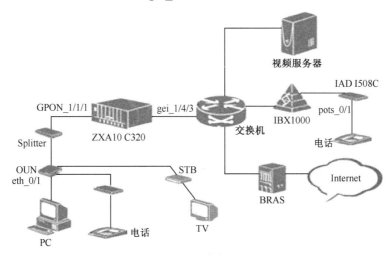

图 4-4　三网融合组网图

主要业务功能描述如下：

1）高速上网业务

（1）用户 PC 采用 PPPoE 拨号方式，通过 LAN 口接入 ONT，ONT 以 GPON 方式接入 OLT 至上层网络，实现高速上网业务。

（2）高速上网业务采用单层 VLAN 来标识。

（3）高速上网业务 DBA 采用"保证带宽+最大带宽"方式，上下行不限速。

2）VOIP 业务

（1）ONT 使用 SIP 协议连接 SIP 服务器。

（2）ONT 通过静态方式配置 IP 地址。

（3）两部电话分别接在 ONT 的 TEL 端口，相互之间能够通话。

（4）不同 ONT 下的电话相互之间能够通话。

（5）VoIP 业务 DBA 采用固定带宽方式，上下行不限速。

3）IPTV 业务

（1）OLT 采用 IGMP Proxy 二层组播协议。

（2）组播节目采用静态配置方式，不对组播用户鉴权。

（3）组播 VLAN 的 IGMP 版本为 IGMP V3。

（4）IPTV 业务 DBA 采用保证带宽方式，上下行流量控制不限速。

根据业务需求，列出数据业务清单如表 4-1 所示。

表 4-1　数据业务规划表

业 务 分 类	数 据 项	具 体 数 据	备　　注
组网数据	FTTH	OLT 上行口：0/3/0 OLT PON 端口：0/1/0 ONT ID：1	
业务 VLAN	HSI 业务	ONU VLAN：3 OLT VLAN（透传 ONU 的 VLAN）：3	
	VOIP 业务	ONU VLAN：4 OLT VLAN（透传 ONU 的 VLAN）：4	VoIP 业务一般用单层 VLAN 标识
	IPTV 业务	组播 VLAN：2	一般组播 VLAN 根据组播源划分
QoS（DBA）	HSI 业务	模板索引：9 模板类型：Type3 保证带宽：32 Mbps 最大带宽：65 Mbps 适用 TCONT：2	DBA 用于控制 ONU 上行带宽，DBA 模板与 TCONT 绑定，不同 TCONT 规划为不同的带宽保证类型。一般，高优先级的业务采用固定带宽或保证带宽，低优先级业务采用最大带宽或尽力转发
	VOIP 业务	模板索引：1 模板类型：Type1 固定带宽：5 Mbps 适用 TCONT：3	
	IPTV 业务	模板索引：7 模板类型：Type2 保证带宽：32 Mbps 适用 TCONT：3	

续表

业务分类	数据项	具体数据	备注
IPTV 业务数据	组播协议	OLT：IGMP Proxy ONU：IGMP Snooping	
	组播版	IGMP V3	支持 IGMP V3 和 IGMP V2，且 IGMP V3 兼容 IGMP V2
	组播节目配置方式	节目静态配置方式	OLT 还支持节目动态生成方式：根据用户点播动态生成节目。这种方式无需配置和维护节目列表，但不支持节目管理、用户组播带宽管理、节目预览和预加入功能
	组播节目	224.2.2.1~224.2.2.15	

三、PON 设备的安装

系统安装调试时，先进行 OLT 设备的安装。

（一）OLT 设备的安装

OLT 设备通常与其他设备一起安装在 19 寸标准机柜上，如图 4-5 所示。安装步骤如下：

第一步：安装前先做好准备工作，要求设备安装环境符合要求，做好安全供电和接地等工作。确认机柜已被固定好，机柜内 OLT 的安装位置已经布置完毕，机柜内部和周围没有影响安装的障碍物。确认要安装的 OLT 已经准备好，并被运到离机柜较近、便于搬运的位置。

第二步：根据安装位置，在机柜上安装挡板。

第三步：安装自带的走线架及挂耳。

第四步：两个人从两侧抬起 OLT 设备，慢慢搬运到安装机柜前。

第五步：将 OLT 设备抬到比机柜的挡板略高的位置，将其放在安装挡板上，调整其前后位置。

第六步：用固定螺钉将机箱挂耳紧固在机柜立柱方孔上，将 OLT 设备固定到机柜上。

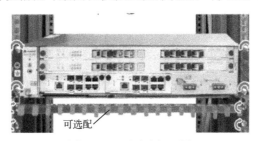

可选配

图 4-5　三网融合组网图

（二）设备接地

设备安装必须接地，如图 4-6 所示。操作步骤如下：

第一步：取下 OLT 设备的机箱接地螺钉。

第二步：将随机箱所带的交换机机箱接地线的接线端子套在机箱接地螺钉上。

第三步：将第一步中取下的接地螺钉安装到接地孔上，并拧紧。

第四步：将接地线的另一端接到为交换机提供的接地条上。

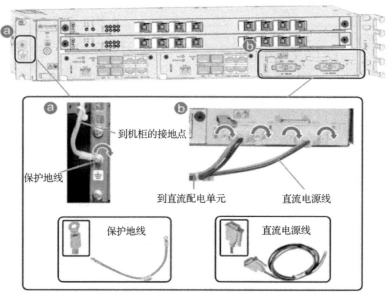

图 4-6　设备接地

（三）连接电源

电源模块前面板带有防电源插头脱落支架和电源指示灯。操作步骤如下：

第一步：将位于电源前面板左侧的防电源插头脱落支架朝右扳。

第二步：将交流电源模块电源线插入电源模块的插座。

第三步：将防电源插头脱落支架朝左扳，卡住电源插头。

第四步：将电源线插入为提供电源而设置的插座。

（四）安装模块

第一步：佩带好防静电手环，如图 4-7 所示。将手伸进防静电手环，拉紧锁扣，确认防静电手环与皮肤良好接触，将防静电手环与 OLT 接地插孔相连，从包装盒中取出 PON 模块。

第二步：OLT 设备通用模块大多为插槽式结构，只要安装在对应槽位即可。用旋具松开安装位置的螺钉，拆下空挡板，将各模块正面向上，顺槽推入。

第三步：用旋具拧紧模块上的安装螺钉，固定模块。

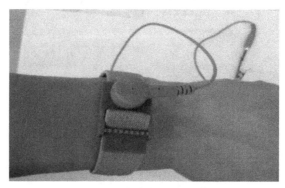

图 4-7　佩带防静电手腕

四、配置 OLT 设备

配置 OLT 设备通常有两种方法，一种是采用串行接口配置，一种是采用网络接口配置。设备初次配置时须采用串行接口配置方法。在初次配置完远程登录的 IP 地址后，下一次配置就可以采用网络接口配置方法了。

（一）串行接口配置

1. 配置设备连接

首先要搭建配置环境。将 PC 的 RS-232 串行接口或 USB 转串行接口通过配置口电缆与 OLT 主控板上的 Console 口相连，使用 Windows 操作系统下的超级终端工具进行相关参数配置，如图 4-8 所示。

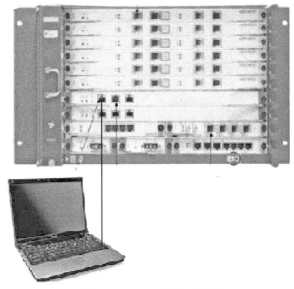

图 4-8　OLT 串行接口配置

配置口电缆是一根 8 芯电缆，一端是压接的 RJ45 插头，插入交换机 Console 口；另一端则带有一个 DB-9（孔）插头，可插入配置终端的 9 芯（针）串行接口插座。配置口电缆如图 4-9 所示。

2. 配置参数设置

具体方法如下：

① 单击"开始"→"程序"/"所有程序"→"附件"→"通信"→"超级终端"，进入超级终端窗口，建立新的连接。

② 在连接说明界面中键入新连接的名称，单击"确定"按钮，系统弹出界面，在"连接时使用"一栏中选择连接时使用的串行接口。

③ 串行接口选择完毕后，单击"确定"按钮，出现串行接口参数设置界面，设置波特率为"9600"，数据位为"8"，奇偶校验为"无"，停止位为"1"，流量控制为"无"。

④ 串行接口参数设置完成后，单击"确定"按钮，在超级终端属性对话框中选择"属性"项，

进入属性窗口。单击属性窗口中的"设置"按钮，进入属性设置窗口，在其中选择终端仿真为"VT100"。选择完成后，单击"确定"按钮。

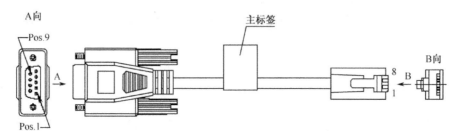

RJ45	Signal	DB-9	Signal
1	RTS	8	CTS
2	DTR	6	DSR
3	TXD	2	RXD
4	SG	5	SG
5	SG	5	SG
6	RXD	3	TXD
7	DSR	4	DTR
8	CTS	7	RTS

图4-9　配置口电缆示意图

3. 上电启动

① 上电前的检查。在上电之前要对交换机的安装进行检查：
● OLT 是否安放牢固。
● 所有单板安装是否正确。
● 所有通信电缆、光纤、电源线和地线连接是否正确。
● 供电电压是否与交换机的要求一致。
● 配置电缆连接是否正确，配置用微机或终端是否已经打开，终端参数是否设置完毕。
② 上电。
● 打开供电电源开关。
● 打开 OLT 电源开关。
③ 上电后的检查（推荐）。OLT 上电后，还要检查通风系统是否工作（如果通风系统工作正常，应该可以听到风扇旋转的声音，交换机的通风孔有空气排出），并查看交换路由板上的各种系统指示灯是否显示正常。
④ 启动界面。在 OLT 上电启动的同时，配置终端上会有信息输出，如图4-10所示。

提示信息的出现标志着 OLT 自动启动的完成。按下"Enter"键后，终端屏幕提示输入登录用户名和密码（一般情况下，登录用户名：root；密码：admin）。此时，用户可以开始对 OLT 进行配置。

```
###################################################
#                                                 #
#           Running OLT CLT V1.01                 #
#                                                 #
###################################################


User Access verification
password: █
```

图 4-10　配置终端的信息输出

（二）带外网管方式

OLT 的带外网管是相对于带内网管而言的。带内指网络的管理控制信息与用户网络的承载业务信息通过同一个逻辑信道传送，这里指 OLT 从 PON 口至上联口的信息传输通道；而在带外网管模式中，网络的管理控制信息与用户网络的承载业务信息在不同的逻辑信道中传输。以带外网管方式配置采用网线连接时，将网线的一端插入配置计算机的网口，另一端插入 OLT 设备的 ETH 接口，如图 4-11 所示。

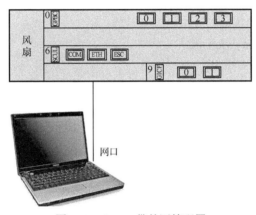

图 4-11　OLT　带外网管配置

采用带外网管方式要求将 PC 的 IP 地址设成与带外网管地址在同一网段，在 PC 上 ping 带外网管地址，ping 通后即可用 Telnet 登录。

1. OLT 基本操作

步骤 1：配置管理 PC 的 IP 地址，登录 MA5683T。

（1）将管理 PC 的静态 IP 地址配置在 172.24.15.x/24 网段，在 Windows 的 CMD 模式下 Ping 通 OLT 的带外网管 IP（本例为 172.24.15.36），在命令输入界面中，输入 "telnet 172.24.15.36"，即可登录 OLT（MA5683T）。

（2）进入 MA5683T 后，输入登录用户名（root）及登录密码（admin），进入 OLT 远程命令行（CLI）配置模式（此时屏幕显示 "MA5683T>"）。

（3）在配置模式下，输入 "enable"，即可进入特权模式（此时屏幕显示 "MA5683T#"）进行配置。

步骤 2：在 OLT 特权模式下，进行 GPON 基本命令操作。

（1）观察 MA5683T 设备的硬件结构，查询单板状态：

检查机框 0 所有单板：MA5683T# display board 0

检查 0 号机框、0 号单板：MA5683T# display board 0/0

（2）查询系统版本信息：

MA5683T# display version

（3）配置系统时间：

MA5683T# display time

（4）进入配置模式，并切换语言：

MA5683T# config

（5）配置系统名称：

MA5683T(config)#system 5683t

MA5683t(config)#

（6）增加系统操作用户：

MA5683T(config)#terminal user name

（7）创建 VLAN，查看 VLAN，删除 VLAN，端口加入 VLAN：

MA5683T(config)#vlan 10 smart

MA5683T(config)# display vlan all

MA5683T(config)#undo vlan 10

MA5683T(config)#port vlan 10 0/9/0

（8）配置 MA5683T 的带内网管 IP：

MA5683T(config)#vlan 20 smart

MA5683T(config)#interface vlanif20

MA5683T(config-vlanif20)#ip address 192.168.20.1 255.255.255.0

MA5683T(config-vlanif20)#quit

MA5683T(config)# port vlan 10 0/9/0

MA5683T (config) #display interface vlanif 20

（9）查询带外网管 IP 地址：

MA5683T (config) #display interfacemeth 0

五、业务配置

（一）配置流程

配置流程如图 4-12 所示。

（1）基础配置：

业务板确认：

业务开通前，需要添加业务单板。

进入配置模式：

MA5608T#config

MA5608T(config)#

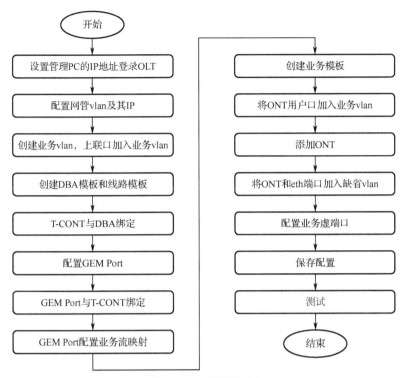

图 4-12　配置流程图

查看单板信息：

MA5608T(config)#display board

```
0-------------------------------------------------------------------------------

  SlotID  BoardName   Status             SubType0 SubType1    Online/Offline

-------------------------------------------------------------------------------

  0       H808EPSD    Auto_find

  1

  2

  3       H801MCUD    Active_normal      CPCA

  4       H801MPWC    Normal

  5

-------------------------------------------------------------------------------
```

确认单板：

MA5608T(config)#board confirm 0/0

确认之后，查询单板运行状态"Status"为"Normal"。

打开 PON 口自动发现功能：

华为 OLT 默认情况下未开启 PON 口自动发现功能，须打开 PON 口自动发现功能：

进入业务单板：

MA5608T(config)#interface epon 0/0

打开所有 PON 口的自动发现功能：

MA5608T(config-if-epon-0/0)#port 0 ont-auto-find enable
MA5608T(config-if-epon-0/0)#port 1 ont-auto-find enable
MA5608T(config-if-epon-0/0)#port 2 ont-auto-find enable
MA5608T(config-if-epon-0/0)#port 3 ont-auto-find enable
MA5608T(config-if-epon-0/0)#port 4 ont-auto-find enable
MA5608T(config-if-epon-0/0)#port 5 ont-auto-find enable
MA5608T(config-if-epon-0/0)#port 6 ont-auto-find enable
MA5608T(config-if-epon-0/0)#port 7 ont-auto-find enable
MA5608T(config-if-epon-0/0)#quit

配置业务 VLAN：

MA5608T(config)#vlan 2 to 4 smart

It will take several minutes, and console may be timeout, please use command idle-timeout to set time limit

Are you sure to add VLANs? (y/n)[n]:y

The total of the VLANs having been processed is 3

The total of the added VLANs is 3

在上行口加入业务 VLAN：

MA5608T(config)#port vlan 2 to 4 0/3 0

It will take several minutes, and console may be timeout, please use command idle-timeout to set time limit

Are you sure to add standard port(s)? (y/n)[n]:y

The total of the VLANs having been processed is 3

The total of the port VLAN(s) having been added is 3

配置 DBA 模板：

华为 OLT 默认已配置 10 个 DBA 模板，可通过以下命令查看：

MA5608T(config)#display dba-profile all

若模板不满足业务需求，可以新建 DBA 模板：

MA5608T(config)#dba-profile add type1 fix 2048

MA5608T(config)#dba-profile add type2 assure 10240

MA5608T(config)#dba-profile add type3 assure 10240 max 102400

查看新建的 DBA 模板：

MA5608T(config)#display dba-profile all

配置线路模板：

创建 EPON 线路模板，并进入线路模板配置视图：

MA5608T(config)#ont-lineprofile epon profile-name test

绑定 DBA 模板：

MA5608T(config-epon-lineprofile-2)#tcont 1 dba-profile-id 9

使用 commit 命令使模板配置参数生效：

MA5608T(config-epon-lineprofile-2)#commit

退出线路模板配置视图：

MA5608T(config-epon-lineprofile-2)#quit

配置业务模板：

创建 EPON 业务模板，并进入业务模板配置视图：

MA5608T(config)#ont-srvprofile epon profile-name test

配置 ONT 的端口能力集：

端口能力集配置未实现"adaptive"时，系统将根据上限的 ONT 的实际能力进行自适应：

MA5608T(config-epon-srvprofile-2)#ont-port pots adaptive eth adaptive

使用 commit 命令使模板配置参数生效：

MA5608T(config-epon-srvprofile-2)#commit

出业务模板配置视图：

MA5608T(config-epon-srvprofile-2)#quit

（2）注册 ONU：

查看未注册 ONU 信息：

MA5608T(config)#display ont autofind all

```
--------------------------------------------------------------------------------
    Number                    :   1
    F/S/P                     :   0/0/0
    Ont Mac                   :   5439-DF94-9D2F
    Password                  :   123
    Loid                      :   123
    Checkcode                 :
    VendorID                  :   HWTC
    Ontmodel                  :   010H
    OntSoftwareVersion        :   V3R012C00S102
    OntHardwareVersion        :   2B2.A
    Ont autofind time         :   2016q -07-29 17:31:48+08:00
--------------------------------------------------------------------------------
```

The number of EPON autofind ONT is 1

进入 EPON 业务板视图：

MA5608T(config)#interface epon 0/0

注册 ONU：

MA5608T(config-if-epon-0/0)#ont add 0 1 mac-auth 5439-DF94-9D2F oam ont-lineprofile-name test ont-srvprofile-name test

   { <cr>|desc<K> }:

    Command:

           ont   add   0   1   mac-auth   5439-DF94-9D2F   oam   ont-lineprofile-name   test ont-srvprofile-name test

    Number of ONTs that can be added: 1, success: 1

PortID :0, ONTID :1

（3）宽带业务配置：

进入 EPON 业务配置视图：

MA5608T(config)#interface epon 0/0

配置 ONT 端口 Native VLAN：

MA5608T(config-if-epon-0/0)#ont port native-vlan 0 1 eth 2 vlan 3

{ <cr>|priority<K> }:

    Command:

           ont port native-vlan 0 1 eth 2 vlan 3

退出 EPON 业务配置视图：

MA5608T(config-if-epon-0/1)#quit

配置业务流：

MA5608T(config)#service-port vlan 3 epon 0/0/0 ont 1 multi-service user-vlan 3

{ <cr>|bundle<K>|inbound<K>|rx-cttr<K>|tag-transform<K>|user-encap<K> }:

    Command:

           service-port vlan 3 epon 0/0/0 ont 1 multi-service user-vlan 3

（4）配置组播业务：

进入 EPON 业务配置视图：

MA5608T(config)#interface epon 0/0

配置 ONT 端口 Native VLAN：

MA5608T(config-if-epon-0/0)#ont port native-vlan 0 1 eth 1 vlan 2

{ <cr>|priority<K> }:

    Command:

           ont port native-vlan 0 1 eth 1 vlan 2

退出 EPON 业务配置视图：

MA5608T(config-if-epon-0/0)#quit

配置业务流：

MA5608T(config)#service-port vlan 2 epon 0/0/0 ont 1 multi-service user-vlan 2

{ <cr>|bundle<K>|inbound<K>|rx-cttr<K>|tag-transform<K>|user-encap<K> }:

    Command:

           service-port vlan 2 epon 0/0/0 ont 1 multi-service user-vlan 2

创建组播 VLAN 并配置 IGMP 版本：

MA5608T(config)#multicast-vlan 2

MA5608T (config-mvlan2)#igmp version v3

This operation will delete all programs in current multicast vlan

Are you sure to change current IGMP version? (y/n)[n]: y

配置 IGMP 模式：

使用 IGMP proxy 模式。

MA5608T (config-mvlan1000)#igmp mode proxy

Are you sure to change IGMP mode?(y/n)[n]:y

配置 IGMP 上行端口：

IGMP 上行端口号 0/3/0；组播上行端口模式为 default，协议报文向节目所在

VLAN 包含的所有组播上行端口发送。

MA5608T (config-mvlan2)#igmp uplink-port 0/3/0

MA5608T (config-mvlan2)#btv

MA5608T (config-btv)#igmp uplink-port-mode default

Are you sure to change the uplink port mode?(y/n)[n]:y

配置节目库：

节目组播 IP 地址为 224.2.2.1~224.2.2.15，

MA5608T (config-btv)#multicast-vlan 2

MA5608T(config-mvlan2)# igmp program add batch start-index 0 ip 224.2.2.1 to-ip 224.2.2.15

配置组播用户：

MA5608T (config-btv)# igmp user add smart-vlan 2 no-auth

MA5608T (config-btv)#multicast-vlan 2

MA5608T (config-mvlan2)# igmp multicast-vlan member smart-vlan 2

配置结束

实训作业

（1）简述 PON 的系统结构。

（2）总结 LLID 的作用。

（3）总结 GPON 宽带业务的开通流程。

模块二 视频监控系统的安装与调试

一、视频监控系统概述

（一）视频监控系统的发展

视频监控系统是安全防范系统的组成部分，它是一种防范能力较强的综合系统。视频监控以其直观、方便、信息内容丰富而广泛应用于许多场合。视频监控系统经过二十多年的发展，已发生了巨大的变化。从技术角度出发，视频监控系统的发展可划分为第 1 代模拟视频监控系统、第 2 代数模结合的视频监控系统和第 3 代完全基于 IP 网络的视频监控系统（IPVS）。

第 1 代模拟监控系统出现较早，系统特点主要是视频、音频信号的采集、传输、存储均采用模拟信号，质量较高。但也有其局限性：首先，它只适用于较小的地理范围，其次，它无法与信息系统交换数据，第三，监控地点限于监控中心，应用的灵活性较差，不易扩展。

第 2 代视频监控系统最早采用微机和 Windows 平台，在计算机中安装视频压缩卡和相应的 DVR 软件，不同型号视频卡可连接 1/2/4 路等不同路数的视频，支持实时视频和音频传输，是第一代模拟监控系统的升级。随着信息处理技术的不断发展，嵌入式 DVR 系统近几年异军突起，由于可靠性高，使用安装方便，其应用特别广泛，我们通也称嵌入式 DVR 为 2.5 代监控系统。它与

第 1 代系统的主控部分（主要是矩阵）相结合，可以构成大规模的电视监控系统，被称为模数结合的电视监控系统。目前，这种模式在实际工程中大量存在。系统典型构成如图 4-13 所示。

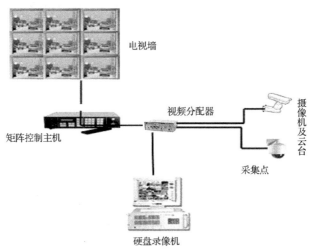

图 4-13　模数结合的电视监控系统

　　第 3 代网络视频监控系统将前端传统的模拟视频信号直接转换为数字信号，通过计算机网络来传输，通过智能化的计算机软件来处理。系统将传统的视频、音频及控制信号数字化，以 IP 包的形式在网络上传输，实现了视音频的数字化、系统的网络化、应用的多媒体化以及管理的智能化。网络数字监控系统的视频从前端图像采集设备输出时即为数字信号，并以网络为传输媒介，基于国际通用的 TCP/IP 协议，采用流媒体技术实现视频在网上的多路复用传输，并通过设在网上的各种应用服务器来实现对整个监控系统的转发、显示、存储、授权控制等功能。网络视频监控是未来监控系统的发展方向，即前端一体化、视频数字化、监控网络化、系统集成化。如图 4-14 所示为典型的网络视频监控系统的构成。

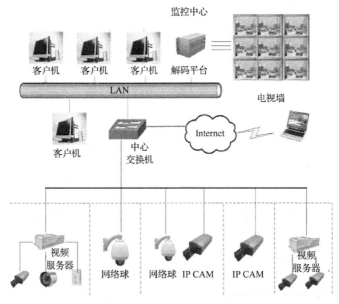

图 4-14　典型的网络视频监控系统的构成

（二）视频监控系统的组成

传统的视频监控系统一般由前端、传输、控制及显示记录四个主要部分组成。前端部分包括摄像机以及与之配套的镜头、云台、防护罩、解码器等；传输部分包括电缆和/或光缆，以及可能的有线/无线信号调制解调设备等；控制部分主要包括视频切换器、云台镜头控制器、操作键盘、种类控制通信接口、电源和与之配套的控制台、监视器柜等；显示记录设备主要包括监视器、录像机、多画面分割器等。

1．前端部分

前端部分主要指摄像部分，包括摄像机、镜头以及配套的支架、防护罩等。摄像部分的作用是把系统所监视的目标，即把被摄体的光、声信号变成电信号，然后送入 CCTV 系统的传输分配部分进行传送。

1）摄像机

摄像机是一种把景物光像转变为电信号的装置，如果要把图像还原，须使用监视器，它的转换途径是"电—光"转换。

电视系统中摄像机种类较多，根据不同的标准可划分不同的种类：根据成像色彩可分为黑白摄像机和彩色摄像机；按电视线（以水平方向分割扫描线与电视宽高比相乘）来划分，主要有330线、420 线、480 线、600 线等。数字摄像机用分辨率来描述图像质量，分辨率包括显示分辨率、图像分辨率与像素分辨率，通常用水平和垂直方向的像素数来表示，如 640×480 即表示 30 万像素、1280×720 即表示 100 万像素、1600×1200 即表示 200 万像素等；另外按摄像机外形可分为枪式、半球、全球、一体化摄像机等。各种摄像机如图 4-15 所示。

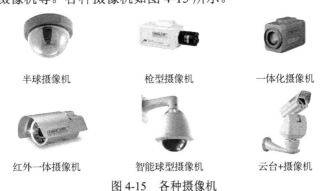

半球摄像机　　　　枪型摄像机　　　　一体化摄像机

红外一体摄像机　　智能球型摄像机　　云台+摄像机

图 4-15　各种摄像机

2）解码器

作为终端设备，解码器在视频监控系统中是前端设备。解码器为带有云台、变焦镜头等可控设备提供驱动电源并与控制设备如矩阵进行通信，可以控制云台的上、下、左、右旋转，实现对变焦镜头的变焦、聚焦、光圈调整以及对防护罩雨刷器、摄像机电源、灯光等设备的控制，还可以提供若干个辅助功能开关。

解码器按供电电压分为交流解码器和直流解码器，按工作环境可分为室内解码器与室外解码器，按通信方式可分为单向通信解码器和双向通信解码器。

3）网络摄像机

网络摄像机是传统摄像机与网络视频技术相结合的新一代产品，除了具备一般传统摄像机所有的图像捕捉功能外，机内还设置了数字化压缩控制器和基于网络的操作系统，使得视频数据经压缩后，通过局域网或无线网络等送至终端用户。

网络摄像机外形与模拟摄像机相似，但内部电路部分增加了 A/D 转换器、视频编码器、控制器、存储器及外部报警、控制接口等部分。组成网络视频监控系统时，远端用户可在自己的 PC 上使用标准 IE 浏览器，根据网络摄像机的 IP 地址进行访问，以监控目标现场的情况，并可对图像资料实时编辑和存储，另外还可以通过网络来控制摄像机的云台和镜头，进行全方位监控。

4）视频服务器

视频服务器可以看成不带镜头的网络摄像机，它由一个或多个模拟视频输入口、图像数字处理器、压缩芯片和一个具有网络连接功能的服务器所构成。输入的模拟视频信号被数字化后传送至网络，从而实现远程实时监控的目的。视频服务器除了可以实现与网络摄像机相同的功能外，在设备的配置上更显灵活。网络摄像机通常受到本身镜头与机身功能的限制，而视频服务器除了可以和普通的传统摄像机连接之外，还可以和一些特殊功能的摄像机连接，如低照度摄像机、高灵敏度的红外摄像机等。目前市场上的视频服务器以 1 路、4 路或 8 路视频输入为主，且具有在网络上远程控制云台和镜头的功能，另外，产品还可以支持音频实时传输和语音对讲功能，有的视频服务器还有动态侦测和引发事件后的报警功能，如图 4-16 所示。

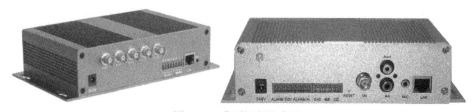

图 4-16　典型视频服务器

2．传输部分

1）同轴电缆传输

传输系统使用的传输介质有同轴电缆、光缆等。近距离传输时一般采用同轴电缆信号传输。电缆选用 75 Ω 的同轴电缆，通常使用的电缆型号为 SYV75-3 和 SYV75-5。当传输距离更长时，可相应选用 SYV75-7、SYV75-9。视频同轴电缆的结构如图 4-17 所示，包括铜导体、聚乙稀绝缘介质、铜丝编织的外导体扩外护套组成。

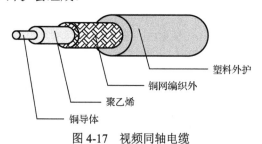

塑料外护
铜网编织外
聚乙烯
铜导体

图 4-17　视频同轴电缆

2）双绞线传输

双绞线（Twisted Pair）在模拟视频监控和数字网络视频监控系统中都有应用。它由两条相互绝缘的导线按照一定的规格互相缠绕在一起而制成的一种配线。把两根绝缘的铜导线按一定密度互相绞在一起，可以降低信号干扰的程度。常见的双绞线按其是否外加金属网丝套的屏蔽层而区分为屏蔽双绞线（STP）和非屏蔽双绞线（UTP），如图 4-18 所示。

（a）屏蔽双绞线　　　　　　　　　　（b）非屏蔽双绞线

图 4-18　双绞线

3）光纤传输

视频监控信号的光纤传输是一种典型光纤通信技术应用。光纤是光导纤维的简写，由高纯度的 SiO₂ 做成，是一种利用光的全反射原理制造的光传导工具。它在折射率较高的光传输层之外加上折射率较低的包裹层，利用光在不种介质交界面上的全反射现象，把以光的形式出现的能量约束在波导内，并引导光沿着轴线平行的方向传播，如图 4-19 所示。

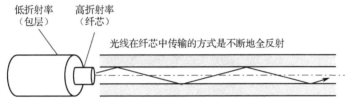

图 4-19　光纤通信中光的全反射

光纤的种类很多，根据用途不同，所需要的功能和性能也有所差异。光纤的分类主要是从工作波长、折射率分布、传输模式、原材料和制造方法上区分。按工作波长不同，光纤可分为 850 nm、1310 nm、1550 nm；按折射率分，光纤可分为阶跃型光纤、近阶跃型光纤、渐变（GI）型光纤；按传输模式分，光纤可分为单模光纤、多模光纤；按原材料分光纤可分为石英光纤、塑料光纤、复合材料光纤、红外材料等。

视频监控系统中的视频图像、音频、控制信号都可以通过光纤进行传输，传输系统设备主要由视频光端机组成。视频光端机采用调频传输，可传输多路视频信号，同时也可以传输控制信号。光端机带有视频状态指示功能，可监控系统的正常运行。典型视频光端机如图 4-20 所示。

图 4-20　典型视频光端机

3．控制部分

控制部分控制的对象主要指前端设备中的一体化摄像机、解码器、云台等，控制设备指矩阵、键盘等，也可以是通过软件控制的 DVR、数字监控设备等。模拟系统中，控制部分的主要设备有矩阵和键盘、集中控制器、云台控制器等；数字监控系统中，控制工作主要由硬盘录像机或网络终端承担。

1）视频矩阵

视频矩阵主要实现对输入视频图像的切换输出，即将视频图像从任意一个输入通道切换到任意一个输出通道显示。$M×N$ 矩阵表示同时支持 M 路图像输入和 N 路图像输出。典型矩阵的基本功能有菜单操作、视频切换、自动切换队列、报警联动、报警编程、解码器高速球的控制、多级控制、操作编程权限、键盘设置等。视频矩阵按视频切换方式的不同，分为模拟矩阵和数字矩阵。按照输入、输出通道的不同，常见的视频矩阵一般有 16×4、16×8、16×16 等。典型视频矩阵如图 4-21 所示。

图 4-21　视频矩阵

2）键盘

键盘是监控系统中人机对话的主要设备。键盘可作为主控键盘，也可作为分控键盘使用，对整个监控系统中的每个单机进行控制。典型键盘如图 4-22 所示。

图 4-22　键盘外形

键盘基本功能如下：
- 中英文液晶显示。
- 比例操纵杆（二维和三维可选）可全方位的控制云台，三维比例操纵杆可控制摄像机的变倍。
- 摄像机的光圈、聚焦、变倍及室外云台防护罩的除尘、除霜。
- 可控制矩阵的切换、序切、群组切换、菜单操作等。

- 可控制高速球的各种功能，可对高速球的预置点参数设置、巡视组设置、看守卫设置、菜单操作。
- 可对报警设备进行布/撤防及报警联动控制。
- 可控制各种协议的云台、解码器、辅助开关设置、自动扫描、自动面扫及角度设定。
- 可在菜单中设置各项功能。

键盘有三种工作模式，即 PTZ、DVR、MAXI。采用 PTZ 模式可直接控制解码器、智能高速球；DVR 模式用于硬盘录像机的控制；MAXI 模式用于矩阵的控制。要改变工作模式，可按模式选择键。在不同的模式下，按键有不同的功能。按键主要功能如表 4-2 所示。

表 4-2　按键主要功能

按　键	MAXI 模式	PTZ 模式	DVR 模式
[MON]	选定一个监视器		数字减少
[CAM]	选定一个摄像机	受控摄像机地址	数字增加
[LAST]	上一个摄像机	上一个摄像机	上一段录像
[NEXT]	下一个摄像机	下一个摄像机	下一段录像
[RUN]	运行自动切换		快进
[SALVO]	群组/同步切换运行键		快退
[TIME]	切换停留时间		轮巡
[ON]	确认	确认	逐帧
[OFF]	退出/返回上一级菜单	退出	退出
[AUX]	辅助功能	辅助设置/调用	多画面
[SHOT]	预置位设定/调用/清除	预置位设定/调用/清除	云台
[ALARM]	设/撤防报警触点		信息
[NET]	矩阵网络号码		定格
[ACK]	功能确认	功能确认	编号
[OPEN]	打开镜头光圈	打开镜头光圈	打开镜头光圈
[CLOSE]	关闭镜头光圈	关闭镜头光圈	关闭镜头光圈
[NEAR]	调整聚焦	调整聚焦	调整聚焦
[FAR]	调整聚焦	调整聚焦	调整聚焦
[WIDE]	获得全景图像	获得全景图像	全景图像
[TELE]	获得特写图像	获得特写图像	特写图像
[MODE]	模式选择键	模式选择键	模式选择键
[MENU]	调用矩阵菜单	PTZ 编辑键	调用 DVR 菜单
[C]	清除键	清除键	DVR 模式键
[0-9]	输入数字	输入数字	输入数字

3）硬盘录像机

硬盘录像机按系统结构可以分为两大类： PC 式 DVR 和嵌入式 DVR。PC 式硬盘录像机以传统的 PC、图像采集压缩卡为基本硬件，WinXP、Vista、Linux 为操作系统，配备应用软件成为一套完整的系统。嵌入式硬盘录像机（DVR）脱离 PC 架构，采用嵌入式系统，硬盘录像。嵌入式系统以应用为中心，软硬件是可裁减的。它是对功能、可靠性、成本、体积、功耗等具有严格要求的微型专用计算机系统。嵌入式 DVR 系统建立在一体化的硬件结构上，整个视音频的压缩、显示、网络等功能全部可以通过一块单板来实现，大大提高了整个系统硬件的可靠性和稳定性。DVR 集合了录像机、画面分割器、云台镜头控制、报警控制、网络传输等多种功能于一身，用一台设备就能取代模拟监控系统多台设备。典型 DVR 如图 4-23 所示。

图 4-23　嵌入式硬盘录像机

4. 视频显示与记录部分

视频显示与记录部分主要设备有视频分配器、监视器、画面分割器、录像系统等。

1）视频分配器

当一路视频信号要送到多个显示与记录设备时，需要使用视频分配器，其功能是将一路视频信号变换出多路信号，输送到多个显示或录像设备。视频分配器可分为单输入视频分配器和多输入视频分配器。单输入视频分配器常见的有 1 分 2、1 分 4、1 分 8、1 分 16 等。多输入视频分配器有 8 路 1 分 2 和 16 路 1 分 2 等。典型视频分配器外形如图 4-24 所示。

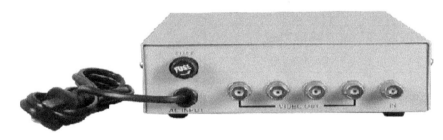

图 4-24　视频分配器

2）监视器

监视器是监控系统的显示部分，用于显示现场拍摄的画面。监视器按色彩可分为黑白与彩色两种；按对角线大小分为 15/17/19/20/22/26/32/37/40/42/46 寸监视器等；按显示器件可分为 CRT（阴极射线管）、LCD（液晶）、LED 等多种；按应用场合可分为通用型应用级和广播级两类；按功能可分为监控监视器、电视监视器和计算机显示器。监控监视器和电视监视器外形相似，但性能不同，监控监视器显示功能简单，但对清晰度、色彩还原性以及整机稳定性（长时间工作）等方面要求较高。典型监控监视器外形如图 4-25 所示。

图 4-25 监控监视器

二、视频监控系统的安装与调试

视频监控系统的组网方式多种多样，主要的安装与调试内容包括前端摄像部分、传输部分和中心机房的控制、存储和显示部分。

（一）前端摄像部分的安装与调试

视频监控工程中前端系统安装与调试是以摄像机为主要对象的。摄像机不同，安装方式不同。室内枪式摄像机的安装一般都装在支架上，室外摄像机须立杆安装，半球摄像机可固定在墙的一侧，要是有天花板的话可以通过支架固定在天花板上。全球摄像机一般要求全方位监控，可根据现场情况，既可以单独立杆安装，也可以借助建筑物，装在可以多方位监控的地方。

1. 室外摄像机立杆安装

室外摄像机立杆安装较复杂。工序可分为基础施工、杆件安装和摄像机安装几个部分。

1）基础施工

第一步：立杆基础制作。其用途是固定摄像杆。

第二步：窨井制作。窨井是为了方便线缆敷设及系统检测维修而修建的，其基础结构、尺寸如图 4-26 所示。

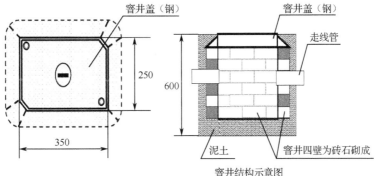

图 4-26 窨井

第三步：线缆管敷设。线缆管敷设要求符合现行国家标准《电气装置安装工程电缆线路施工及验收规范》的有关规定。

第四步：接地体安装。接地体结构、尺寸如图 4-27 所示；安装要求应符合现行国家标准《电气装置安装工程电缆线路施工及验收规范》的有关规定。

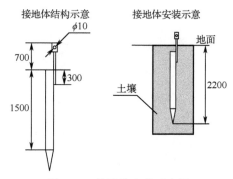

图 4-27　接地体安装示意图

2）杆件安装

杆件用于安装摄像机云台，安装是通过基础螺杆与摄像杆基础连接固定的，如图 4-28 所示。

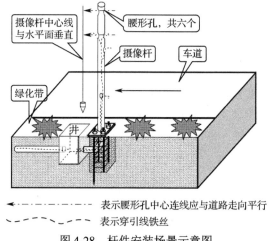

图 4-28　杆件安装场景示意图

3）摄像机安装

摄像机安装立杆的中心线必须与水平面垂直，摄像机的云台部件或枪式摄像机的支架通过抱箍或立杆自带的基座固定在立杆上，如图 4-29 所示。

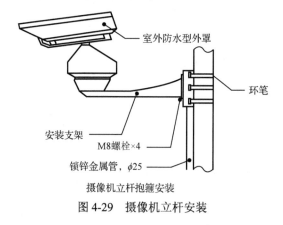

摄像机立杆抱箍安装

图 4-29　摄像机立杆安装

2. 枪式摄像机的安装与调试

1）枪式摄像机的安装

枪式摄像机既可吊顶安装，也可墙壁安装，如图 4-30 所示。

2）镜头的安装和调整

机体安装完毕后，要安装和调整镜头。镜头有定焦镜头、变焦镜头、手动光圈镜头、自动光圈镜头、标准镜头、广角镜头等。另外还应注意镜头与红外摄像机的接口，是 C 型接口还是 CS 型接口，C 型接口的安装座从基准面到焦点的距离为 17.562 毫米，CS 型接口距焦点距离为 12.5 毫米。安装镜头时，首先去掉摄像机及镜的保护盖，然后将镜头轻轻旋入摄像机的镜头接口并使之到位。对于自动光圈镜头，还应将镜头的控制线连接到红外摄像机的自动光圈接口上，对于电动两可变镜头或三可变镜头，只要旋转镜头到位，则暂时不需校正其平衡状态（只有在后焦聚调整完毕后才需要最后校正其平衡状态）。

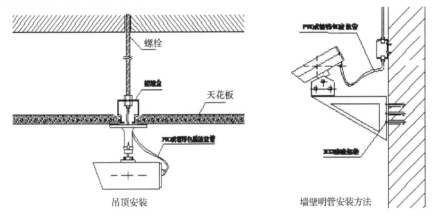

图 4-30 枪式摄像机的安装示意图

3）摄像机的调试

摄像机的调试要确保系统达到相关指标（按照 GB/50198、GB/T16571 或 GB/T16676 等标准）。摄像机的电气性能包括摄像机清晰度、摄像机背景光补偿（BLC）、摄像机最低照度、摄像机信噪比、摄像机自动增益控制（AGC）、摄像机电子快门（ES）、摄像机白平衡（WB）以及摄像机同步方式；系统摄像机监控的范围要达到公共安全防范的需要和设计要求，调整聚焦和后靶面，使控制面、清晰度、灰度等级等达到系统技术指标。在调整时要注意有足够的照度和必要的逆光处理等。

3. 云台与解码器的安装与调试

云台是支撑摄像机的基座。云台配有 BNC 插头的螺旋状视频软线可防止摄像机的视频线缆随云台转动而缠绕。将摄像机的视频输出端接视频信号转接线缆上的 BNC 插头，而云台上的视频信号输出转接插座接监视器。将云台和电动镜头控制线转接到云台控制器或解码器上。

解码器是与监控系统配套使用的一种前端控制设备，可连接控制球机、室内外云台、电动三可变镜头等。如图 4-31 所示，它使用通用的 RS-485 通信接口；兼容多种常用的控制协议；自带 120 Ω匹配电阻，可提供稳定的 12 V 直流电源（500 MA）供摄像机及红外灯使用。同时具有超强的防雷、抗死机性能，性价比极高，适用于各款数字硬盘录像系统、矩阵系统、键盘、PC 等。

连接时，首先把变倍镜头或一体机、云台的电缆接入解码器，参照一体机、云台的说明书、对照解码器的接线端子图（如图 4-32 所示），仔细、准确地把所有电缆接入解码器的接线端子。

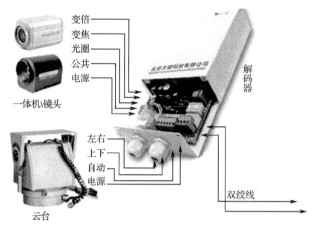

图 4-31　解码器

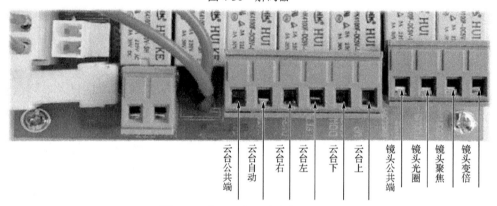

云台公共端　云台自动　云台右　云台左　云台下　云台上　镜头公共端　镜头光圈　镜头聚焦　镜头变倍

图 4-32　解码器与云台的接线端子

控制对象和解码器两者的接口必须完全对应连接。上图中，解码器与云台的连接：

COM（COMMON）：解码器与云台的公共端。

U（UP）：对应云台的"上"。

D（DOMN）：对应云台的"下"。

L（LEFT）：对应云台的"左"。

R（RIGHT）：对应云台的"右"。

A（AUTO）：对应云台的"自动"。

解码器与镜头的连接：

COM（COMMON）：对应镜头的公共端。

O/C（OPEN/CLOSE）：对应镜头的光圈（IRIS）调节。

N/F（NEAR/FOCUS）：对应镜头的聚焦（焦距、FOCUS）调节。

W/T（TELC/WIDE）：对应镜头的变焦（变倍、ZOOM））调节。

解码器的 DC12V 端与一体化摄像机电源相连。

使用解码器必须先进行设置，设置的参数包括解码器地址、通信协议和波特率。在同一系统设置中，每台机的地址码是各不一样的，但每台机的波特率和协议拨码设置要相同。以市场上一种 12 位拨码开关的解码器为例：第 1～6 位为地址设置位；第 7～10 位为协议设置位；第 11、12 位为波特率设置位。

解码器地址设置如表 4-3 所示。

表 4-3 解码器地址设置表

地 址	拨 码 开 关 1 2 3 4 5 6	地 址	拨 码 开 关 1 2 3 4 5 6	地 址	拨 码 开 关 1 2 3 4 5 6
00		22		44	
01		23		45	
02		24		46	
03		25		47	
04		26		48	
05		27		49	
06		28		50	
07		29		51	
08		30		52	
09		31		53	
10		32		54	
11		33		55	
12		34		56	
13		35		57	
14		36		58	
15		37		59	
16		38		60	
17		39		61	
18		40		62	
19		41		63	
20		42			
21		43			

协议的选择

"协议开关"是解码器通信协议的选择开关。典型协议设定拨码配置如表 4-4 所示。

表 4-4　协议开关表

序　号	协 议 开 关 7 8 9 10	通 信 协 议	波特率（bps）
01		PELCO_D	2400
02		PELCON- SPECTRT	9600（PICO）
03		PELCON	2400 （PICASO）
04		PELCO_P	9600
05		AV2000	9600
06		POLCO_D	2400 普通型
07		KRE-301	9600
08		CCR-20G	4800
09		PELCO_D	2400 （VGUARD）
10		LILIN	9600
11		KALATEL	4800
12			
13			
14		Panasonic	9600
15		RM110	9600
16		YAAN	4800

波特率选择

波特率的选择是为了使解码器与控制设备之间有相同的数据传输速度，波特率选择不正确，解码器将无法正常工作。波特率设置方式如表 4-5 所示。

表 4-5 波特率设置表

波特率开关	波特率（bps）	波特率开关	波特率（bps）
11 12		11 12	
	1200		4800
	2400		9600

云台镜头解码器完成安装后，正常情况下可以控制云台上下左右旋转和镜头的变倍、光圈及聚焦的改变。若有故障可按如下方法调试：所有的接线（云台、镜头、摄像机电源）断开不接，只接电源输入接线，通电按"自检"开关，进行自检控制测试，能听到继电器动作的声音，LED灯也伴随响声有亮/灭的过程，这表明系统本身没故障。再分别接上摄像机、镜头、云台，可看到云台及镜头的动作，从而方便检测解码器的好坏及云台、镜头的接线是否正确等。

4．网络摄像机的安装与调试

网络视频监控系统的采集设备主要是网络摄像机，小型网络连接示意图如图 4-33 所示。

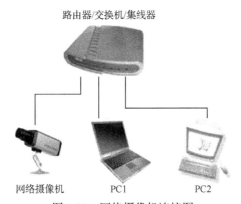

图 4-33 网络摄像机连接图

1）网络摄像机的安装步骤

◆ 首先制作直通网线（具体操作见后文）。

◆ 将网络摄像机安装好。

◆ 将网络连接到网络摄像机的 RJ45 网络连接端口上。

◆ 将所配的电源适配器（DC12V）连接到网络摄像机的电源插座上，并连接市电。

◆ 将接入网络摄像机或视频服务器的网线的另一端连接到以太网交换机（Switch）、路由器（DSL Router）的 LAN 口上或者集线器（Hub）上。

如果没有交换机，也可以通过交叉网线直接把网络摄像机与 PC 连接起来，如图 4-34 所示，正常情况下在 5 秒内网络接口的指示灯（绿色）会亮起（注：接线盒的网络接口的指示灯不亮），此时网络摄像机的物理连接成功。

2）网络摄像机的调试

使用网络摄像机自带的设备搜索软件，检索设备并设置网络参数。每个网络摄像机在出厂时的会有一出厂 IP 地址和初始管理员用户名和密码，注意查看说明书。运行搜索软件进行搜索及修改其网络参数时，在同网段只要设置好 IP 地址，就能较容易地找到设备。设置基本参数时须设置 IP 地址、子网掩码、网关、物理地址、通信端口号、Web 端口号、多播地址、多播端口号、DHCP 等网络参数。如果应用在局域网中，请注意 IP 地址不要和局域网内部计算机 IP 地址冲突。如果在跨网段搜索设备网络信息，防火墙是不允许多播数据包通过的。所以，必须先将防火墙关闭，才可获取到设备网络信息。

图 4-34　交叉网线与电脑直连

要测试网络摄像机是否启动正常及连接是否正确：在 Windows 下按照<开始→运行→command>操作，打开命令行窗口，在命令行窗口 ping 设备 IP 地址，看是否能 ping 通网络摄像机，能 ping 通则说明网络摄像机工作已正常且网络连接正确。如果 ping 不通，须检查网络摄像机的 IP 地址并修改。

首次用 IE 浏览器访问网络摄像机时，必须下载并安装插件。插件安装后，在浏览器地址栏输入网络摄像机地址，即进入登录页面。在实时浏览页面可以进行视频图像的抓拍、录像、回放，声音的监听、对讲，报警清除及视频参数，镜头的控制等。在图像设置界面，可以对各种参数如分辨率、图像质量、声音等设置。

（二）传输部分

视频监控系统传输部分有关线路的敷设和传输介质的连接等可参照本教材项目三。在工程中安装传输部分时须制作各种接头（常用的接头是 BNC 接头和 RJ45 接头）以及对一些设备的安装与调试。

1. 监控系统常用接头制作

BNC 接头是监控工程中用于摄像设备输出时导线和摄像机的连接头，是一种用于同轴电缆的连接器；网络视频监控系统中主要用到 RJ45 接头。监控系统常用接头外形如图 4-35 所示。

现主要介绍两种接头的制作方法：

1）BNC 接头的制作

第一步　剥线：用美工刀剥开线缆外护套 1.5 cm，小心不要割伤金属屏蔽线，再将芯线外的乳白色透明绝缘层剥去 0.6 cm，使芯线裸露。

第二步　上锡：用尖头电烙铁给整理过的屏蔽网线和芯线上锡，用电烙铁给 BNC 头上锡，要保证焊接强度。

（a）BNC 接头

（b）RJ45 接头

图 4-35　监控系统常用接头

第三步　装配 BNC 接头：连接芯线，将屏蔽金属套筒套入同轴电缆，再将芯线插针从 BNC 接头本体尾部孔中向前插入，使芯线插针从前端向外伸出，最后将金属套筒前推，使套筒将外层金属屏蔽线卡在 BNC 接头本体尾部的圆柱体。

第四步　压线：保持套筒与金属屏蔽线接触良好，用卡线钳上的六边形卡口用力夹，使套筒形变为六边形。重复上述方法，在同轴电缆另一端制作 BNC 接头，即制作完成。

第五步　检查：接头制作完成后，最好用万用电表检查一下，断路和短路均会导致无法通信，还有可能损坏设备。注意：制作组装式 BNC 接头需使用小螺丝刀和电工钳，按前述方法剥线后，将芯线插入芯线固。

2）RJ45 水晶头的制作

第一步　准备：准备好 5 类或超 5 类网线、RJ45 水晶头和专用的压线钳。

第二步　剥线：用压线钳的剥线刀口将网线的外保护套管划开，刀口距 5 类线的端头至少 2 cm，去除保护套管。如图 4-36 所示。

剥线刀口

（a）用压线钳划开保护套管

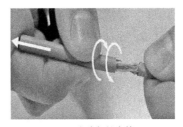
（b）去除保护套管

图 4-36　剥线

第三步　理线：以采用 568B 标准为例，剥开双绞线外保护层后，首先，四对线缆按橙、蓝、绿、棕的顺序排好，然后，再按橙白、橙、绿白、蓝、蓝白、绿、棕白、棕的顺序分别排放每一根电缆，如图 4-37 所示。

第四步　剪线：将 8 根导线平坦整齐地平行排列，导线间不留空隙。然后用压线钳的剪线刀口将 8 根导线剪断，如图 4-38 所示。

第五步　插线：将剪断的电缆线放入 RJ45 水晶头插到底，电缆线的外保护层最后应能够在 RJ45 插头内的凹陷处被压实，如图 4-39 所示。

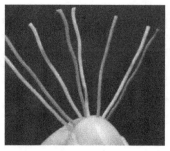

图 4-37　理线

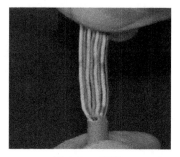

图 4-38　剪线

第六步　压线：在确认一切都正确后，将 RJ45 插头放入压线钳的压头槽内，双手紧握压线钳的手柄，用力压紧。

在这一步骤完成后，插头的 8 个针脚接触点就穿过导线的绝缘外层，分别和 8 根导线紧紧地压接在一起，如图 4-40 所示。

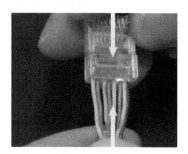

图 4-39　插线

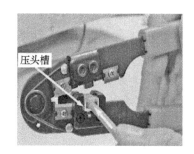

图 4-40　压线

如果要制作直通线，电缆的另一端线序排列相同；如果制作的是交叉线，电缆的一端制作与直通线相同，不同的地方在于另一端的线序排列 1、3 与 2、6 交换。

第七步　检验：用网络测试仪测试检验所制作的电缆的连通性。将做好的直通线或交叉线两端分别接上测试仪的两个 RJ45 口，打开网络测试仪开关，打开电源，将网线插头分别插入主测试器和远程测试器，主机指示灯逐个顺序闪亮；如果是交叉线，主测试器与远程测器 1、3 与 2、6 交换闪烁，证明网线正常。如果灯不闪，或次序不对，说明网线制作有问题，不能使用，要重新制作。

2. 网络交换机的安装与调试

网络视频监控系统中需要组建计算机局域网，交换机在计算机网络中应用广泛。在数字网络的监控系统中，近距离小型计算机网络主要使用二层交换机，也称楼层接入交换机。大型网络须按核心层、汇聚层和接入层分层组建，其交换机通常须配置光纤收发模块，接入层交换机只要将每台网络摄像机直接通过网线连接即可。对于核心层、汇聚层的网管交换机需要进行网络配置。初次配置是通过计算机与交换机的"Console"端口直接连接的方式进行通信的。步骤如下：

第一步：单击"开始"按钮，在"程序"菜单的"附件"选项中单击"超级终端"。

第二步：双击"Hypertrm"图标，会弹出一个对话框。这个对话框用来建立一个新的超级终端连接项。

第三步：在"名称"文本框中键入要新建的超级终端连接项名称。

第四步：在"连接时使用"下拉列表框中选择与交换机相连的计算机的串口。

第五步：在"波特率"下拉列表框中选择"9600"。单击"确定"按钮，会显示交换机的初始配置情况。

进入配置界面后，如果是第一次配置，则首先要进行的就是 IP 地址配置，这主要是为以后进行远程配置而准备。

交换机除了可以通过"Console"端口与计算机直接连接，还可以通过普通端口连接。此时配置交换机就不能用本地配置，而是需要通过 Telnet 或者 Web 浏览器的方式实现交换机配置。具体配置方法如下：

Telnet 协议是一种远程访问协议，可以通过它登录到交换机进行配置。假设交换机 IP 为192.168.0.1，通过 Telnet 进行交换机配置只需两步：

第 1 步，单机开始，运行，输入"Telnet 192.168.0.1"

第 2 步，单击"确定"按钮，或单击回车键，建立与远程交换机的连接。然后，就可以根据实际需要对该交换机进行相应的配置和管理了。交换机的详细配置应参考厂方说明书，根据网络工程的实际需求配置。

（三）中心机房部分

1．键盘的操作

键盘有三种工作模式：PTZ 工作模式、DVR 工作模式和 Matrix 工作模式，分别对应不同的应用场合。

1）PTZ 工作模式控制

PTZ 是 Pan/Tilt/Zoom 的简写，代表键盘直接控制云台全方位（上下、左右）移动及镜头变倍、变焦控制。以一种键盘为例：要进入此种工作模式，长按[MODE]键（大约 2 秒），键盘可以在三种工作模式之间进行切换，选择 PTZ 模式即可。

要完成前端部分的云台移动及镜头变倍、变焦控制，必须有三个参数设置，即控制云台或高速球的波特率、通信协议和地址。

波特率的选择是长按键盘上的[MENU]键（大约两秒），进入 PTZ 模式，按键盘上的[LAST]键和[NEXT]键可以更改波特率，设置完成后按[OFF]键退出编辑状态即可；通信协议的选择是长按键盘上的[MENU]键（大约两秒），进入 PTZ 模式后，按键盘上的[SALVO]键和[RUN]键可以更改通信协议，设置完成后按[OFF]键退出编辑状态即可；云台或高速球地址选择是按键盘上的数字键+[CAM]键可以更改控制云台或高速球的地址。

例如，前端有若干高速球，其中一个高速球内的设置参数为：地址码 10，波特率 4800,协议 PELCO-D，现对其进行控制，控制方法为：先进入 PTZ 工作模式，长按键盘上的[MENU]键（大约两秒），进入 PTZ 模式，按[SALVO]键或[RUN]键把协议改为 PELCO-D，按[LAST]键或[NEXT]键把波特率改为 4800，按[OFF]键退出编辑状态并保存。输入数字 10，再按一下键盘上的[CAM]键，晃动键盘上的摇杆，即可以对这个高速球进行控制。

2）DVR 工作模式控制

要进入 DVR 工作模式，长按[MODE]键（大约 2 秒），选择 DVR 模式。

要完成 DVR 对前端设备的控制同样需要三个参数的设置。对波特率的选择是在进入 DVR 工作模式后，长按[C]键（大约两秒），进入 DVR 的编辑模式，按键盘上的[SALVO]键或[RUN]键可以更改波特率，设置完成后按[OFF]键退出编辑状态即可。被控设备（如解码器）也须设置同样的波特率才能完成指定控制功能。地址的设置是在进入 DVR 工作模式后，长按[C]键（大约两秒），进入 DVR 的编辑模式，直接输入 DVR 的地址，按[CAM]键可以更改地址。DVR 地址要设置一致。

2. 硬盘录像机的安装与调试

1）硬盘录像机的硬件安装

硬盘录像机的安装先要安装硬盘。然后进行系统连接。硬盘录像机的物理接口较多，如图 4-41。各接口说明如下：

- 1：USB 口用于连接 USB 备份设备，如 U 盘、USB 硬盘、USB 刻录机，鼠标等。
- 2：fVIDEO IN 用于连接摄像机，标准 BNC 接口。
- 3：VIDEO OUT 用于连接监视器，1 为主口，用于本地预览及菜单显示，2 为辅口，用于本地预览。
- 4：AUDIO IN 用于连接拾音器或者语音对讲输入（如有源话筒）。
- 5：AUDIO OUT 用于连接喇叭等用于声音预览或语音对讲输出。
- 6：LAN 用于连接以太网络设备，如以太网交换机、以太网集线器（HUB）等。
- 7：VGA 用于连接 VGA 显示器。
- 8：RS-485 用于连接 RS-485 解码器；ALARM IN 用于接报警输入（4 路开关量）；（ALARM）OUT 用于接报警输出（1 路开关量）。
- 9：DC 12 V 直流 12 V 电源输入接口。
- 10：POWER 电源开关。
- 11：连接地线。

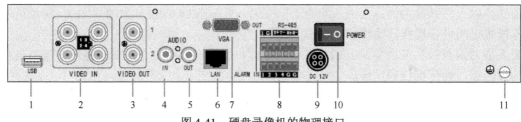

图 4-41　硬盘录像机的物理接口

将摄像机的视频线与硬盘录像机的 VIDEO IN 口相连，解码器通过 485 总线与硬盘录像机 RS-485 接口相连，网络与硬盘 LAN 接口相连。硬盘录像机的显示既可以通过 VGA 口与显示器显示，也可以通过 VIDEO OUT 口与 TV 直接相连。

2）硬盘录像机的软件操作

下面以 XXX 型硬盘录像机为例介绍硬盘录像机的主要操作。

1）开机

打开后面板电源开关，设备开始启动，电源指示灯呈绿色。要进入系统的操作界面，如要进入回放、手动录像、云台控制等操作界面，系统首先会出现登录界面。

2）登录

在登录界面中，通过上下键在"用户名"列表中选择一个用户名，然后进入"密码"编辑框，输入该用户名的密码，按【确认/ENTER】就可以进入主菜单。通过前面板快捷键可进入菜单操作界面。主菜单有各种设置，如图 4-42 所示。

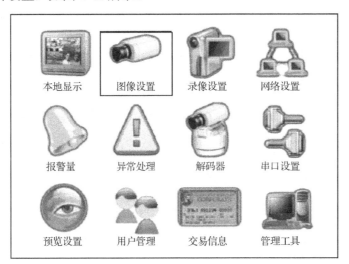

图 4-42 菜单操作界面

3）预览

设备正常启动后直接进入预览画面。在预览画面上可以看到叠加的日期、时间、通道名称，要重新设置日期、时间、通道名称。按【多画面】键可以对显示的画面数进行选择、切换。

4）修改用户密码

典型设备出厂时用户名 admin，密码 888888，第一次登录时使用此密码。为了安全，在"用户管理"菜单中要及时更改 admin 的密码。

5）云台控制

云台控制操作通过【云台控制】键可进入云台控制操作界面。云台控制状态下的控制键说明如下：

◆ 方向控制：【←】、【→】、【↑】、【↓】方向键。

◆ 变倍控制：【辅口】或【2ABC】键（状态灯黑）。

◆ 调整焦距：【输入法】或【多画面】键。

◆ 调节光圈：【编辑】或【云台控制】键。

◆ 调预置点：【录像】键+【数字键】。

◆ 雨刷控制：【主菜单】键。

◆ 启/停自动扫描：【放像】键。

若需要进行其他功能操作，如回放、手动录像等操作，必须先退出"云台控制"操作界面。按前面板的【退出】可随时结束控制，同时返回到预览模式。

6）手动录像

手动录像操作通过【录像】键可进入手动录像操作界面。若要手动启动某个通道进行录像，只要将"启/停"状态设定即可。

7）回放

回放操作要求用户具有"回放"操作权限。通过【放像】键可进入回放操作界面回放操作界面。先选择"搜索文件"，可检索出符合条件的录像"搜索文件"后的录像文件列表示意图。可通过"选择页号"文件列表，若选择"按时间播放"，就直接回放出图像。 查看其他页号的文件列表，选中文件按【放像】就可回放。

8）录像资料备份

在进行备份操作以前，请先连接好备份设备，如 U 盘、USB 硬盘、USB 刻录机等备份设备。通过【放像】键进入回放操作界面。在回放界面中通过搜索文件，选择要备份的文件，通过"复制"就可完成备份。

9）关机

关机要使用正常方法关闭硬盘录像机，不要直接切断电源（特别是录像时），以免损坏硬盘。正常关机方法包括使用菜单中的"关机"按钮正常关机。

10）参数设置

以下参数设置完成并保存后系统会出现如图所示的"重新启动"对话框，其余参数设置完成后只要选择"确认"按钮后即可生效，无需重启设备：

- 所有网络参数。
- 录像设置参数的码流类型、分辨率、录像时间段。
- 报警器类型。
- 遮挡报警处理时间段。
- 视频丢失处理时间段。
- 移动侦测处理时间段。
- 报警输入处理时间段、报警输出时间段。

11）网络设置

如果设备用于网络监控，那么需要进行与网络有关的参数设置。网络参数设置完成并保存后，设备重启后，设置的网络参数才能生效。进入"网络设置"菜单界面可进行网络参数的设置，包括以下设置内容：

- ◆ *网卡类型：默认 10 M/100 M 自适应。
- ◆ *IP 地址：该 IP 地址必须是唯一的，不能与同一网段上的其他任何主机或工作站相冲突，按"编辑"键可对 IP 地址进行编辑。如果设备支持 DHCP 协议，而且网络中有 DHCP 服务器，那么只要在"IP"地址栏内输入"0.0.0.0"，设备启动后就会获取一个动态的 IP 地址并显示在 IP 地址栏内。如果采用 PPPoE 协议，无需输入 IP 地址，但设备拨号上网以后，会自动将获取的 IP 地址显示在 IP 地址栏内。
- ◆ 端口号：端口号范围 2000～65535，默认值为 8000。
- ◆ 掩码：用于划分子网网段。
- ◆ 网关地址：跨网段访问 DVR/DVS 时，须设置该地址。
- ◆ 解析服务器 IP 地址：设备使用 PPPoE 协议接入网络后，会获取一个动态 IP 地址。如果将此 IP 地址与设备序列号与/或设备名称进行捆绑，DNS 服务器实现设备序列号或设备名到 IP 地址的解析，"DNS 地址"栏内输入该解析服务器的 IP 地址。
- ◆ 管理主机 IP 地址及其端口号：如果设置了管理主机 IP 地址及其端口号，当硬盘录像机发生报警事件、异常事件时，可以主动将此信号发给运行在远程的报警主机（安装客户端软件）。
- ◆ NAS 地址：用于设置网路存储设备的 IP 地址。

◆ 目录名：网路存储设备的存储目录。

◆ HTTP 端口：IE 浏览时访问的端口号，默认 80 端口，可以修改。

◆ 设置 PPPoE：如果使用 PPPoE 协议拨号上网，输入 ISP 提供的用户名及其密码。

说明：以上打*的是局域网设置项，若是跨网段的专网，则增加一个网关地址的设置即可。

12）云台控制设置

云台控制主要包括 RS-485 参数、解码器参数、预置点、巡航和轨迹等参数的设置。进入"解码器"菜单界面可进行相应的参数设置。

首先选择云台所在 RS-485 参数，设置的速率、数据位、停止位、校验、流控等参数应与解码器所设置的参数一致。解码器参数要求支持的解码器类型包括 Pelco-p、Pelco-D、SAE/YAAN、Samsung、Howell、Panasonic、Philips 等，解码器地址应与解码器拨码定义的地址匹配。

预置点用于预先对摄像头的位置、焦距、光圈及变焦等参数进行定位、调节和纪录。设备共支持 128 个预置点的设置。选择"预置点"的"设定"可进入"预置点设置"界面，可以增加、定义或删除预置点。通过云台控制、信号量报警联动可调用预置点，参见云台控制和信号量报警。

13）巡航设置

选择"巡航路径号"的"设定"选项就可进入"巡航"界面，在巡航界面中可以添加巡航点、删除巡航点，添加巡航点需要设置以下参数：

◆ 巡航点序号：1 至 16。

◆ 预置点序号：1 至 128，并确认该预置点已定义。

◆ 巡航时间：在预置点上停留的时间。

◆ 巡航速度：从一个到另一个预置点的转速。通过信号量报警联动可调用巡航路径。

➡ 实训作业

（1）如何立杆安装摄像机？

（2）如何用键盘直接控制云台和镜头？

（3）叙述 DVR 的操作方法，用 DVR 记录视频并回放，记录实训过程。

（4）按工程实际需求完成小型视频监控系统的安装并简述安装过程。

项目五　通信工程项目验收

实训目标

工程竣工后，必须经过工程验收才能交付使用。工程质量的保证有四大要素，即产品、设计、施工、验收。验收是工程建设必不可少的步骤，是保证基本建设工程质量的重要程序，是全面考核建设项目经济效益、检验设计、施工质量的重要环节。验收应坚持"质量第一"的原则，认真做好竣工验收。通过本项目的学习，学生可以了解通信工程验收的方法；掌握不同工程验收的内容；能针对具体通信工程，如市话线路的杆线及电缆工程、移动通信基站工程等进行竣工资料的编制和具体的验收工作。本项目先由教师讲授工程验收的理论基础，学生积极主动地听取，然后选取具体工程项目进行验收实训，以便学生进一步掌握工程验收的基本技能。

能力标准

了解验收标准，了解典型通信工程验收时所做的测试项目，能完成典型通信工程，如市话线路工程或移动通信基站工程的验收工作，完成竣工资料的编制。

项目知识与技能点

工程验收、随工验收、初步验收、竣工验收、隐蔽工程、验收的条件、验收的方式、验收的依据、单项工程验收、全部验收、线路测试、竣工报告、通信线路验收、工程竣工初验证书、完工通知单、程控交换局工程的验收、综合布线工程的验收。

理论基础

一、验收的概念

凡新建、扩建、改建等基本建设项目均应组织验收。较大工程规模的设备安装工程竣工验收应由省、市管理部门参加或主持，一般工程规模项目的工程验收应由工程部组织相关部门及人员进行，各分公司负责执行。验收方式可按范围划分，也可按阶段划分。

按范围分有单项工程验收和全部验收。单项工程验收是指当总体项目工程中的一个单项工程已按设计要求完成施工内容，能满足生产要求或具备使用条件，且施工单位已进行预检，已通过监理工程师的初验，在此条件下进行正式验收。全部验收是指项目总体已按设计要求全部完成，并符合竣工验收标准，施工单位已进行预检，经监理工程师初验认可后，由监理工程师组织以建设单位为主，设计单位、施工单位及其他相关部门共同参加的验收队伍进行正式验收。在对项目总体进行全部验收时，对已验收的工程，如隐蔽工程等，可以不再进行正式验收和办理验收手续，但应将单项工程验收单作为全部工程验收的附件加以说明。

按阶段划分，工程验收的阶段与工程的大小或性质有关，小工程可能只需要一次验收，大工程的验收可分为三个阶段：随工验收、初步验收、竣工验收。对通信工程而言，验收一般分四个阶段，即随工验收、初验（初步验收）、试运行和终验（竣工验收）。

随工验收指施工过程中针对隐蔽工程的验收。隐蔽工程指那些施工完毕将被遮盖而无法或很难对其再进行检查的分部分项工程，主要指基础开挖或地下建筑物开挖完毕的工程。因此，必须在其被遮盖前进行严格验收，以防存在质量隐患。承包商施工完毕并经严格自检后，应向监理工程师提交验收申请，并附有关图纸和技术资料，包括施工原始记录、地质资料等。监理工程师收到隐蔽工程验收申请后，应组织测量人员进行复测，组织地质人员检查地质素描和编录，然后由主管该项目的监理工程师（代表）主持并组织由业主代表、设计人员、地质测量人员、试验人员和运行管理人员参加的检查验收。在验收过程中，有关人员应认真填写隐蔽工程验收记录，监理工程师（代表）对此必须进行认真审核。如无异议，监理工程师（代表）在隐蔽工程验收记录上签字认可；如有遗留问题，应要求承包商处理合格后方可进行后续项目的施工。隐蔽工程的验收比一般分部分项工程的验收更重要。

初步验收是在工程完工时组织的验收，它是承包商完成合同工程规定任务的最后一道程序。通过验收的合同工程，承包商就可将其移交给业主。合同工程完工验收的准备：在合同工程验收前，承包商一般应做好工程收尾工作；准备完工验收资料和文件，这是工程完工验收的重要依据，从施工开始就应完整地积累和保管，完工验收时，应提交全部施工资料和文件资料的编目。在完工日期到来之前，通常要求承包商组织预验收。承包商提交完工验收申请时，应附合同工程完工验收所需要的资料，如工程说明（包括工程概述、竣工图、工程总结和工程完成情况），设计变更项目、内容及其原因（包括监理工程师下发的变更通知和指令等有关技术资料），完工项目清单与遗留工程项目清单，土建工程与安装工程质量检验与评价资料（包括监理工程师检查验收签证文件及相应的原始资料，以及质量事故及重大质量缺陷处理资料），材料、设备、构件等的质量合格证明资料，分部工程验收资料（包括监理工程师与业主的批准文件），工程遗留问题与处理意见，对工程管理运用的意见，埋设的永久设施的记录、性能和使用说明，建设期间的观测资料、分析资料和运行记录，隐蔽工程的验收记录及包括工程测量、水文地质、工程地质等有关资料的原始记录附件。

工程项目竣工验收是指工程项目完成后一段时间，由验收单位主持，对整个工程项目进行验收。验收的条件是：工程已按批准的设计规定内容全部建成；各单位工程能正常运行；历次验收所发现的问题已整改完毕；归档资料符合工程档案资料管理的有关规定；工程建设征地、移民安置等问题已基本处理完毕；工程投资已全部到位；竣工决算已经完成，并通过竣工审计。

二、验收的依据

验收必须有一定的依据。主要验收依据有：下达的设计任务书，初步施工图设计（及其补充文件）及上级颁发的有关文件和各专业的设计规范、施工合同、施工规范及验收规范，设备技术说明书，设备材料检验、设计变更文件和变更设计书，监理工程师指令、指示等正式监理文件，工程中有关质量保证文件和技术资料，以及监理工程师签发的施工图纸和说明等。

不同的工程项目有不同的技术标准，也有不同的验收依据。例如，综合布线工程的验收依据是《建筑与建筑群综合布线系统工程验收规范》（GB/T 50312—2000），此标准与国际密切接轨，具有较强的操作性；通信管道工程验收的依据是 GB 50374—2006《通信管道工程施工及验收规范》；本地网线路工程验收的依据是 YD/T 5138—2005《本地通信线路施工及验收规范》；长途光缆线路工程验收的依据是 YD 5121—2005《长途通信光缆线路工程验收规范》等。

三、验收的一般程序

1. 项目资料的验收

项目资料是项目竣工验收的重要依据，施工单位应按合同的要求提供竣工验收所必需的全面、准确的全套项目资料。项目资料经监理工程师审核，确认无误后方可竣工验收。

全套项目资料应包括下列内容：

- 项目开工报告。
- 项目竣工报告。
- 分项分部工程和单位工程的工程技术人员名单。
- 设计交底和图纸会审记录。
- 设计变更通知单和技术变更核实单。
- 质量事故调查和处理资料。
- 材料、设备的质量合格证明资料。
- 竣工图。
- 施工日志。
- 质量检验评定资料和竣工验收资料。

对于上述由施工单位/承包方提供的相关资料，现场监理工程师应对其中主要的资料进行全面的审核，如材料/设备的质量合格证明材料的真实性、准确性、权威性，新材料、新工艺试验/检验的可靠性。

2. 竣工图的审核

项目竣工图是真实记录项目实施详细情况的技术文件，是对项目进行交工验收、维护、扩建、改建的依据，也是使用单位应长期保存的技术资料。通过审查，可以及时发现竣工图中可能存在的问题，发现问题后应及时向施工单位提出质询，要求施工单位采取相应的措施进行修正、补充、更改，以保证竣工图纸的真实性和准确性。对于符合合同要求及有关规定的竣工资料，监理工程师应签署验收意见。

3. 工程测试

工程测试包括抽验工程器材，产品质量检测，工程功能验证测试，工程合格认证测试（自我认证测试、第三方认证测试）。参加项目验收的各方人员按专业分工，分别对已竣工的工程进行目测检查和性能指标的抽查，同时对施工单位提供的资料所列内容逐一进行检查、核对，确认其准确性；举行由验收各方人员参加的验收会议，各专业的验收人员及专业负责人介绍本专业的验收情况；提出验收中发现的问题，根据要求对存在的问题提出处理意见；视具体情况形成验收意见，作为验收文件记录在案；办理竣工验收签证书（竣工验收签证书必须由承包方、业主、工程监理机构共同签字）。

4. 总体验收

① 工程监理单位将初验的质量情况审核准确，填写如表 5-1 所示的"工程竣工初验证书"。

表 5-1　工程竣工初验证书

工程编号		工程名称			
建设单位		开工日期		初验日期	
施工单位		建设地点			
工程验收项目：					
验收意见及初步评语： 监理工程师：					
施工单位（盖章） 　　　　　　　　　　　　　　监理单位（盖章） 　　负责人：　　　　　　　　　　　负责人： 　　____年____月__日　　　　　　　____年____月__日					

② 施工单位根据工程初验质量情况填写如表 5-2 所示的"完工通知单"（一式四份），并请监理单位通知建设单位组织验收。

表 5-2　完工通知单

工程名称		工程编号			
建设单位		施工单位			
建设地点		开工日期		完工日期	
工程主要内容：					
本工程已按合同书要求完工，请监理单位确认。 施工负责人：　　　　____年____月____日（章）					
工程监理意见： 同　意 不同意 监理工程师：_____　　总监理工程师：_____ ____年____月____日（章）					

本表一式四份，建设单位两份，监理单位、施工单位各一份。

③ 监理单位根据施工单位准备情况，如竣工技术文件、竣工测试记录、隐蔽工程的验收记录和竣工图纸等，填写如表 5-3 所示的"竣工移交证书"。

表 5-3　竣工移交证书

致（建设单位）　　　　： 　（施工单位）　　　　： 兹证明　　号报验单所报　　　　　　工程，已按施工合同和监理工程师的指示完成，于　　年　　月　　日移交给建设单位，并于当日起进入工程保修阶段。
监理工程师：　　　　　　　　　总监理工程师： 　　　　　　　　　　　　年　　月　　日（章）

本表一式四份，建设单位两份，监理单位、施工单位各一份。

④ 建设单位收到"完工通知单"后，确定总体验收日期并组织邀请设计单位、施工单位及有关人员参加总体验收。工程竣工验收是基本建设工程的最后一个程序，是全面考核工程建设成果，检验工程设计、施工质量及工程建设管理和工程监理管理工作的重要环节，规模小的工程可以进行全面检验，规模大的工程可由建设单位或设备维护管理单位对重点部位进行抽验。

⑤ 经总体验收工程质量全部符合技术标准要求的由四方，即建设单位、设计单位、施工单位、监理单位签章认定工程等级，并签署"竣工移交证书"。

工程总体验收后，有关技术部门如建设单位、施工单位、设计单位、监理单位等对工程施工中采用的新器材、新技术、新工艺等应进行总结，必要时可纳入有关的技术标准或施工方法中，从而不断提高施工技术、水平和施工质量。

➡ 案例指导

一、通信线路工程的验收

通信线路工程验收程序一般有随工验收、初步验收、试运行和竣工验收等步骤。

1．随工验收

随工验收是与工程施工同步进行的，有对器材质量的检查，也有对有隐蔽工程项目的验收。通信线路工程的随工验收主要是对光（电）缆、子管的布放、立杆及隐蔽部分进行施工现场检查。表 5-4 为光（电）缆质量随工检验项目表。竣工验收时对隐蔽部分一般不再复查，但它与系统工程质量有很大的关系，因此必须认真对待随工验收。建设单位委派工地代表参加随工验收，验收记录应作为竣工资料的组成部分。

表 5-4　光（电）缆质量随工检验项目表

项　　目	内　　容	检 验 方 式
器材检验	光（电）缆单盘、接头盒、套管等器材的质量、数量	直观检查

续表

项　目	内　容	检 验 方 式
直埋光（电）缆	● 光（电）缆规格、路由走向（位置）； ● 埋深及沟底处理； ● 光（电）缆与其他地下设施的间距； ● 引上管及引上光（电）缆安装质量； ● 回填土夯实质量； ● 沟坎加固等保护措施质量； ● 防护设施规格、数量及安装质量； ● 光（电）缆接头盒、套管的位置和深度； ● 标石埋设质量； ● 回填土质量	巡旁结合
管道光（电）缆	● 塑料子管规格、质量； ● 子管敷设安装质量； ● 光（电）缆规格、占孔位置； ● 光（电）缆敷设、安装质量； ● 光（电）缆接续、接头盒或套管安装质量； ● 人孔内光缆保护及标志吊牌	巡旁结合
架空光（电）缆	● 立杆洞深； ● 吊线、光（电）缆规格、程式； ● 吊线安装质量； ● 光（电）缆敷设安装质量，包括垂度； ● 光（电）缆接续、接头盒或套管安装及保护； ● 光（电）缆杆上预留数量及安装质量； ● 光（电）缆与其他设施间隔及防护措施； ● 光（电）缆警示宣传牌的安装情况	巡视抽查
水底光（电）缆	● 水底光（电）缆规格及敷设位置、布放轨迹； ● 光（电）缆水下埋深、保护措施质量； ● 光（电）缆在旱滩上的位置、埋深及预留安装部分的质量； ● 沟坎加固等保护措施质量； ● 水线标志牌安装数量及质量	旁站监理
局内光（电）缆	● 局内光（电）缆规格、走向； ● 局内光（电）缆布放安装质量； ● 光（电）缆成端安装质量； ● 局内光（电）缆标志； ● 光（电）缆保护地的安装质量	旁站监理

2．初步验收

一般建设项目在竣工验收前，应组织初步验收。初步验收由建设单位组织设计、施工、建设监理、工程质量监督、维护等部门参加。

初步验收的主要工作是严格检查工程质量，审查竣工资料，分析投资效益，对发现的问题提出处理意见，并组织相关责任单位落实解决。在初步验收后半个月内应向上级主管部门报送初步验收报告。

竣工资料的整理在初步验收中十分重要，通信线路工程竣工后，施工单位应在验收前，将竣工资料送交建设单位。竣工资料包括下列内容：

① 工程竣工图：可利用原设计的施工图纸改绘，其中的变更部分应用红笔修改并标明光（电）缆接头位置、占用管孔位置等，变动较大、更改后不清楚的部分应重新绘制。

② 光缆竣工测试记录（以中继段为编制单位）：应包括单盘光缆（光纤）衰减统计表、光纤接头损耗测试记录表、光纤线路衰减测试记录表、光纤后向散射信号曲线检查记录等。

③ 电气测试记录：包括线路的绝缘电阻、接地电阻、环路电阻及规定测试的近端串音衰减测试记录等。

④ 其他资料，如设计变更通知，开工、停工、复工、竣工报告，工程洽谈纪要，隐蔽工程签证等。

初步验收报告的主要内容有：

● 初验工作的组织情况。

● 初验时间、范围、方法和主要过程。

● 初验检查的质量指标与评定意见，对施工中重大事故处理的审查意见。

● 对实际的建设规模、生产能力、投资和建设工期的检查意见（如与原批准的不符，应提出处理意见）。

● 对工程技术档案与所有技术资料的检查意见。

● 关于工程中贯彻国家建设方针和财务规定的检查意见。

● 对存在问题的落实、解决办法。

● 对下一步安排试运行、编写竣工报告和竣工决算的意见。

3. 试运行

初步验收合格后，按设计文件中规定的试运行周期，立即组织工程的试运行。试运行由建设单位组织工厂、设计部门、施工部门和维护部门参加，对设备性能、设计和施工质量及系统指标进行全面考核，试运行周期一般为三个月。试运行中发现的问题由责任单位负责免费返修。

试运行结束后的半个月内，有关部门应向上级主管部门报送竣工报告和初步决算，组织竣工验收。

竣工报告有以下主要内容。

① 建设依据：简要说明项目可行性研究批复/计划任务书和初步设计的批准单位及批准文号，批准的建设投资和工程概算（包括修正概算），规定的建设规模及生产能力，建设项目的包干协议等主要内容。

② 工程概况：包括：

● 工程前期工作及实施情况。

● 设计、施工、总承包、建设监理、质量监督等单位。

● 各单项工程的开工及竣工日期。

● 完成工作量及形成的生产能力（详细说明工期提前或延迟的原因，生产能力与原计划有出入的原因，以及建设中为保证原计划实施而采取的对策）。

③ 初步验收与试运行情况：初步验收时间、初步验收的主要结论及试运行情况（应附初验报告及试运行测试技术指标）、质量监督部门的评定意见。

④ 竣工决算情况：概算、预算执行情况与初步决算情况，通信建设项目的投资分析表及工程

初步决算表。

⑤ 工程技术档案的整理情况：工程施工中的大事记载、各单项工程竣工资料、隐蔽工程随工验收资料、设计文件和图纸、主要器材技术资料及工程建设中的来往文件的整理归档情况等。

⑥ 经济技术分析：包括：

● 主要技术指标测试值。

● 工程质量的分析，对施工中发生的质量事故处理后的情况说明。

● 建设成本分析和主要经济指标，以及采用新技术、新设备、新材料、新工艺所带来的投资效益。

● 投资效益的分析。

⑦ 投产准备工作情况。

⑧ 收尾工程的处理意见。

⑨ 对工程投产的初步意见。

⑩ 工程建设的经验、教训及对今后工作的建议。

4. 竣工验收

工程竣工验收是基本建设的最后一个程序，是全面考核工程建设成果、检验工程设计和施工质量及工程建设管理的重要环节。竣工验收的主要步骤和内容如下所述。

● 文件准备工作，包括对工程性质、规模的介绍，以及工程决算、竣工技术文件等。

● 组织临时验收机构，对于大型工程，应成立验收委员会，下设工程技术组和档案组。

● 大会审议、现场检查，包括审查并讨论竣工报告、初步决算、初步验收报告及技术组的测试技术报告，检查线路的工艺质量等。

● 讨论通过验收结论和竣工报告。

● 颁发验收证书，最终证书将发给参加工程建设的主管部门及设计、施工、维护单位或者部门。验收证书的内容包括对竣工报告的审查意见，对工程质量的评价，对工程技术档案、竣工资料抽查结果的意见，初步决算审查的意见，对工程投产准备工作的检查意见和工程总评价与投产意见等。

另外，对不影响生产能力和投资效益的少量收尾工程，建设单位应在竣工验收后继续负责完成。但是原设计文件中未立项而新增的工程，不作为收尾工程处理。投资额较小的建设项目，可适当简化验收程序。

二、程控交换局工程验收

验收程控交换局工程之前要进行全面检查，如机房的环境条件检查、安装工艺检查、布放电缆及电源线的检查、通电测试前的检查、硬件检查。在工程验收开始前，必须对机房的环境条件进行全面检查。初验测试步骤应遵循安装、移交和验收工作流程。在初验测试阶段，如果主要指标（如可靠性、接通率、计费准确率等）和性能达不到要求，应由厂方负责，及时处理发现的问题，并按工作流程的要求，重新进行系统调测。验收测试包括以下几个方面：

1）可靠性测试

验收测试期间不得发生系统瘫痪。验收测试的一个月期间内，处理器再启动指标应符合以下标准：次要再启动不多于 3 次，不发生严重再启动或再装载启动。次要再启动不影响正在通话的用户，只影响正在进行接续的用户；严重再启动只影响本处理器控制群内的通话和接续；再装载启动会导致全部软件再装入，影响整个系统通话的接续。验收测试期间，要求软件测试故障不多于 8 个（次），由于元器件等损坏，须更换电路板的次数不多于 0.13 次/100 用户。另外要进行长时间通话测试，即将 12 对话机保持在通话状态 48 小时，同时将高话务量加入交换机，48 小时后，通话路由仍应正常工作，计费正确，有长时间通话信息输出。

2）接通率测试

对于容量在 1 000 门以上的程控交换机，配线架上至少将 60 个主叫用户和 60 个被叫用户接到局内模拟呼叫器上，呼叫 48 小时，观察其中 20 对主/被叫用户，分批取出总数为 2 万次的运行记录。要求接通率不低于 99.96%。对于容量在 1 000 门以下的程控交换机，配线架上至少接 10 个主叫用户和 10 个被叫用户，然后同时进行拨叫，累计达 1 000 次以上，要求接通率不低于 99.99%。局间接通率测试要求在话务清闲时，进行出/入局呼叫各 200 次，数字局与数字局间接通率应不低于 98%，数字局与模拟局间接通率应不低于 95%。

3）接续功能测试

在局内呼叫中，对于正常通话、摘机不拨号、位间隔超时、拨号中途放弃、久叫不应、被叫忙、用户电路锁定、呼叫空号等，每项测试 3～5 次，保证功能良好。在出/入局呼叫中，对每条中继线进行通话测试，保证功能良好。对采用互不控制、主叫控制及被叫控制的复原方式进行验证测试，保证功能良好。对用户交换机的连选、夜间服务及应答等功能一一进行测试。对各种用户新业务功能也要一一测试。对有计费功能的用户交换机，进行各类呼叫通话 3 分钟，检查计费信息是否准确。在非语音业务通信中，保证不被其他呼叫强插，用户线上接入调制解调器，传送速率为 300～2 400 bps 的数据，检查接收结果和误码率。

4）处置能力和过负荷测试

连续进行 4 小时的忙时呼叫测试，使忙时发生呼叫次数接近控制系统的 BHCA 值，计算其接通率是否满足要求。当处理器的处置能力超出额定呼叫处置能力时，应能自动限制服务等级较低的普通用户的呼出，实行过负荷控制。

5）维护管理和故障诊断功能测试

根据人机命令手册，对常用的人机命令进行测试，要求功能完善、执行正确。对报警系统功能进行测试，要求报警系统装置的可听、可见信号动作可靠，交换机与维护中心间的各种报警信息传递迅速、正确，电源系统的故障报警指示准确且记录完整。用人机命令对局数据和用户数据进行增、删、改等操作，并通过呼叫证实。用人机命令执行用户电路、中继器、公用设备和交换网络的测试并输出结果。对处理器、交换网络、外围接口电路和电源系统制造人为故障，验证故障报警和主备用设备倒换功能，系统应能自动对故障进行分析或为人工检修提供分析依据。诊断程序对故障电路板的定位准确率应达 75%以上。对系统进行初始化后，交换系统应能正常运行，人工模拟软件故障，验证系统自动再装入和各级自动再启动功能是否良好。

6）环境与抗干扰验收测试

进行直流电压极限试验。系统的标称供电电压为48 V，当电压提升至54 V时，进行20个主叫用户、20个被叫用户的服务呼叫，持续1小时，要求各种操作维护功能正常，接通率不低于99.9%。将直流电源断开，由蓄电池供电，直流电压为43 V，进行上述测试，结果应良好。进行临界温度测试，当室内温度为30 ℃、相对湿度为40%时或室内温度为45 ℃时，进行局内呼叫，持续1小时，接通率应不小于99.9%，各种操作维护功能应正常。

7）传输指标测试

用各类仪器测试损耗频率特性、非线性失真、双向传输损耗不平衡度、回波损耗、衡重杂音、单频杂音、量化失真、串音、互调失真、群时延、对地不平衡度、输入端带外寄生信号强度及输出端带外寄生信号强度。

8）技术文件及备件

验收测试合格后，厂方移交的技术文件和备件应包括：系统文件、维护手册、操作手册、人机命令手册、装置手册、硬件技术手册、硬件技术说明书、电路原理图、电路说明书、顺序说明书、顺序清单、装置设计文件、局数据和用户数据手册。

验收测试应在系统软件完整、各种局数据和用户数据齐备的条件下进行，验收测试的基本要求如下：

- 整个系统应能正常工作。
- 满足规定的系统故障指标。
- 所有应具备的功能都能正确执行。
- 全部设备与备件均齐全。
- 全部技术资料正确无误。

开通后，试运行3个月，投入设备容量20%以上的用户进行联网运行。若主要指标不符合要求，从次月开始重新进行3个月的试运行；如果障碍率总指标合格，但每月的指标不合格，应追加一个月的试运行期，直到合格为止。试运行观察的指标参考表5-5。

表5-5　程控电话交换系统分项工程质量验收记录表

单位（子单位）工程名称			子分部工程	通信网络系统
分项工程名称		程控电话交换系统	验收部门	
施工单位			项目经理	
施工执行标准名称及编号				
分包单位			分包项目经理	
检测项目（主控项目） （执行本规范第4.2.6、4.2.7、4.2.8条的规定）			检查评定记录	备注
1	通电测试前检查	标称工作电压为48 V		允许变化范围为40～57V
2	硬件检查测试	可听、可见报警信号工作正常		执行 YD5077 规定
		装入测试程序，通过自检，确认硬件系统无故障		

单位（子单位）工程名称			子分部工程	通信网络系统
3	系统检查测试	系统各类呼叫，维护管理，信号方式及网络支持功能均无异常		
4	初验测试	可靠性	不得导致 50%以上的用户线、中继线不能进行呼叫处理		
			用户群通话中断或停止接续的次数：每群每月不多于 0.1 次		
			中继群通话中断或停止接续的次数上限： 0.15 次/月（≤64 话路）； 0.1 次/月（64～480 话路）		
			个别用户不正常呼入、呼出接续的次数上限： 每千门用户，≤0.5 户次/月； 每百条中继，≤0.5 线次/月		
4	初验测试	可靠性	一个月内，处理器再启动次数不超过 5 次（包括 3 类再启动）		
			软件：测试故障不多于 8 个（次）/月； 硬件：更换电路板次数每月不多于 0.05 次/100 户及 0.005 次/30 路 PCM 系统		
			长时间通话，12 对话机保持 48 小时		
		障碍率测试：局内障碍率不大于 3.4×10⁻⁴			40 个用户同时模拟呼叫 10 万次
		性能测试	本局呼叫		每次抽测 3～5 次
			出/入局呼叫		中继 100%测试
			汇接中继测试（各种方式）		各抽测 5 次
			其他各类呼叫		
			计费差错率指标不超过 10⁻⁴		
			特服业务（包括 110、119、120 等）		进行 100%测试
			用户线接入调制解调器，传输速率为 2 400 bps，数据误码率不大于 1×10⁻⁵		
			2B+D 用户测试		
		中继测试：中继电路呼叫测试，抽测 2～3 条话路（包括各种呼叫状态）			主要为信令和接口
		接通率测试	局间接通率应达 99.96%以上		60 对用户，10 万次
			局间接通率应达 98%以上		呼叫 200 次
		采用人机命令进行故障诊断测试			

检测意见：

监理工程师签字：　　　　　　　　　　　　　　检测机构负责人签字：

（建设单位项目专业技术负责人）

日期：　　　　　　　　　　　　　　　　　　　日期：

竣工技术文件在竣工阶段占有重要的地位，它是设备维护的一个必要条件，也是竣工验收的重要内容和依据。在工程总验收前，施工单位必须将竣工技术文件（一式五份）交至建设单位。竣工技术文件应包括以下内容：

- 安装工程量总表。
- 工程说明。
- 测试记录。
- 竣工图纸。
- 随工检查记录和阶段验收报告。
- 工程变更单。
- 重大工程质量事故报告表。
- 已安装的设备明细表。
- 开工报告。
- 停（复）工报告。
- 验收证书。

竣工技术文件要保证质量，做到外观整洁、内容齐全、数据准确、前后对应。凡随工验收和初步验收合格并取得签证的，在工程竣工验收时一般不再进行检查。工程竣工验收的内容应包括：

- 确认各阶段测试检查结果。
- 验收组认为必要的项目的复验。
- 设备的清点核实。
- 对工程进行评定和签收。

对验收中发现的质量不合格项目，应由验收组查明原因，分清责任，提出处理意见。工程竣工后，对施工单位的施工质量应进行综合考核。衡量施工质量标准的等级如下：

- 优良：主要工程项目全部达到施工质量标准，其余项目较施工质量标准稍有偏差，但不会影响设备的使用和寿命；
- 合格：主要工程项目基本达到施工质量标准，不会影响设备的使用和寿命。

➡ 实训作业

1. 线路工程电气性能竣工测试记录。
2. 通信线路验收文件。
3. 程控交换系统功能测试记录。
4. 程控交换局工程的验收文件。

项目六 通信工程监理

➡ 实训目标

通信工程监理贯穿于通信建设工程的全过程。通过本项目的学习，学生可以了解通信工程监理的概念、职能、内容、依据及标准，掌握工程监理的流程。本项目选择线路工程作为监理目标，学生要完成全部监理资料的收集；掌握监理的具体工作内容，如进场材料检验、施工队伍资质审核、工程质量控制、工程进度控制、成本控制等。本项目以教师讲授监理基础知识为主，学生应积极主动学习，认真讨论研究，并通过线路工程监理的具体实训进一步掌握工程监理的基本技能。

➡ 能力标准

了解工程监理的基本概念，掌握工程监理流程和基本监理方法，具备通信工程质量控制、工程进度控制和工程成本控制的能力，具备工程监理资料收集能力，能初步完成具体工程，如通信线路工程、设备工程的监理工作。

➡ 项目知识与技能点

工程监理的概念、通信工程监理的分类、工程监理的职能、工程监理的内容、工程监理的依据和标准、工程监理流程、工程质量控制、工程造价控制、工程进度控制、合同管理、安全和文明施工管理、监理的方法、审查、验收、样板间、协调、旁站、巡视、监理资料和基本表式、通信线路工程监理、综合布线系统工程监理。

➡ 理论基础

一、通信工程监理的概念

所谓工程监理，就是指具有相应资质的工程监理单位，接受建设单位的委托，承担其项目管理工作，并代表建设单位对承建单位的建设行为进行监控的专业化服务活动。建设单位，也称为业主、项目法人，是委托监理的一方。建设单位在工程建设中拥有确定建设工程规模、标准、功能及选择勘察、设计、施工、监理单位等工程建设中重大问题的决定权。通信工程是建设工程中的典型案例，必须进行工程监理。

通信工程监理分为线路工程监理和设备工程监理两大类。线路工程主要有直埋光缆工程、架空光缆工程、管道工程等。线路工程与建筑上的工程有些类似，因为存在很多隐蔽工程，所以监理很关键，直接关系到工程的质量。线路工程不是太复杂，对监理人员的知识水平要求较低。设备工程主要是运营商、大企业或政府机关新建及扩建通信网络，工程涉及大量各种设备，如交换机、路由器、传输设备、用户中断设备等，由于网络的复杂性、设备的多样性，以及涉及很多专业技术知识，要求设备监理人员的知识水平较高，也要求其具备基本的通信知识体系和操作经验。但这都不是最关键的，监理不是要从技术上门门精通，而是要对工程的质量、进度、安全进行控制，协调好建设单位和施工单位或者厂家的关系，更高质量地完成工程建设，得到业主的认可。

通信工程监理既要"高"于建设单位，又要"高"于施工单位。监理是服务行业，要求具有较高的能力。如果水平很低，谁会让你来做呢？因此通信监理人员要不断地更新知识体系，要得到建设单位和施工单位双方的认可。

二、工程监理的依据

工程监理必须根据一定的文件执行，其监理依据为：

1）工程建设文件

工程建设文件包括：批准的可行性研究报告、建设项目选址意见书、建设用地规划许可证、建设工程规划许可证、批准的施工图设计文件、施工许可证等。

2）有关的法律、法规、规章和标准、规范

有关的法律、法规、规章和标准、规范包括：《建筑法》《中华人民共和国合同法》《中华人民共和国招标投标法》《建设工程质量管理条例》等法律法规，《工程建设监理规定》等部门规章，以及地方性法规等，也包括《工程建设标准强制性条文》《建设工程监理规范》及有关的工程技术标准、规范、规程等。

3）建设工程委托监理合同和有关的建设工程合同

工程监理企业应当根据两类合同，即工程监理企业与建设单位签署的建设工程委托监理合同和建设单位及承建单位签署的有关建设工程合同进行监理。

三、工程监理的流程

工程监理从受理监理工作，即签署委托合同开始，至提交监理资料完成监理工作结束，其工作流程如图 6-1 所示。

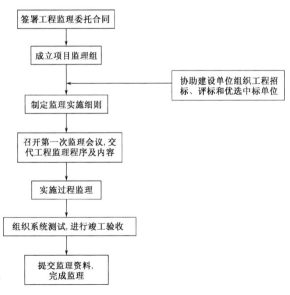

图 6-1　监理工作流程

四、工程监理的内容

工程监理贯穿于工程建设的全过程，即投资决策阶段、工程实施阶段、工程验收阶段和保修阶段。为保证质量，每一阶段都有具体的监理工作要做。最为主要的是在工程开始施工以后。

1. 施工准备阶段

施工准备阶段的监理服务重点是核查施工图，编制监理规划。开工前要及时与建设单位取得联系，确定现场办公室、值班宿舍、伙食等，同时领取一套完整的施工图纸；根据监理合同相关条款的要求，上报建设单位并索取工程相关前期审批手续复印件，施工总包合同复印件，保证监理工程项目手续合法、有效、齐全。对手续不齐备的，应以文字形式及时上报建设单位，要求补办完善。在熟悉施工图纸后，组织施工单位、甲方及材料设备供货等相关单位，在设计交底之前进行图纸会审，并签署《施工图纸审核意见》。在开工后一个月左右，完成监理部现场办公室的自身形象建立的工作，悬挂监理制度、工程施工总平面图、进度图等。

项目监理机构主要工作：

- 核查施工图纸，编制施工图核查建议书。
- 参加设计交底。
- 编制监理规划及监理细则。
- 审查施工组织设计。
- 审查承包单位资质，技术、管理人员及特岗人员岗位资格。
- 复核测量放线成果。
- 组织首次监理例会。
- 具备开工条件时，签署开工令。

2. 施工阶段

施工阶段监理服务重点是"三控、两管、一协调"。"三控"即工程质量控制、工程造价控制和工程进度控制；两管即合同、信息管理及安全、文明施工管理；一协调是指协调工程参与方工作关系和建设行为的各方关系。

工程质量控制中项目监理机构主要工作有：

- 核查大型施工机械准用证，检查计量设备检定证明、使用方法。
- 核查进场材料、构配件及设备观感质量，核查出厂质量证明书和复试报告。
- 见证材料、试件（试块）取样送检，核查检验报告。
- 按规定平行检查、巡视、旁站。
- 复核施工测量成果。
- 要求承包单位编写并审查重点部位、关键工序施工方案。
- 及时妥善处理质量缺陷及质量事故。
- 验收分项分部工程。
- 督促提醒承包单位注意施工安全设施。

工程造价控制中项目监理机构主要工作有：

- 计量已完签认合格的工程，计量工程变更单的已完签认合格工程；
- 按照施工承包合同工程款支付约定，审核《工程进度报表》，签署工程款支付监理意见；

● 竣工时，协助业主办理工程签证、索赔及竣工结算。

工程进度控制项目监理机构主要工作有：

● 审核承包单位总进度计划及月进度计划。

● 发现实际进度滞后于计划进度时，督促承包单位采取措施调整工程进度。

● 预防由于业主的原因导致工程延期。

● 经常向业主通报工程进度。

合同管理中项目监理机构主要工作有：

● 协助业主签署施工合同和材料设备采购合同。

● 依据合同签发工程暂停令及复工令。

● 严格按程序处理工程变更。

● 严格按程序处理费用索赔和工程延期。

● 调节合同双方争议。

安全和文明施工管理中监理机构主要工作有：

● 分部分项工程施工前，督促提醒承包单位执行安全生产措施和文明施工要求，配备安全文明施工设施；

● 现场检查中，发现影响安全施工的潜在因素，立即督促承包单位，及时采取强力预防措施，消除潜在事故。

协调主要是指项目监理机构通过召开监理例会和专题会议，与工程建设参与各方沟通，协调工程参与各方工作关系和建设行为，调节争议，解决矛盾，处理各种专项问题。监理会议包括如下会议：

● 总监理工程师与业主共同主持首次监理会议，介绍工程参与各方相识；总监理工程师或总监理工程师代表介绍监理依据、监理内容、监理程序、监理方法、监理要求。

● 总监理工程师或总监理工程师代表定期召开监理例会，协调决定工程中各项事宜，形成例会纪要，分送各方。

● 总监理工程师或总监理工程师代表及专业监理工程师召开专题会议，解决施工中各种专项问题，形成专题例会纪要，分送各方。

协调阶段要可重点在以下方面做好工作：

● 定期召开监理例会，必须保证会议的权威性、独立性，大中型项目必须由监理部组织召开，小型项目可视建设单位的具体要求进行调整。

● 分阶段地组织召开质检员、资料员、安全员、施工员等专项会议，统一认识，统一要求，明确目标。

● 工程前期，承包单位向监理部提交《施工组织设计（方案）报审表》《施工进度计划报审表》《工程开工报告》《施工测量放线报验表》《进场材料/设备报验单》《分包单位资格报审表》《材料设备供应商资信报审表》。

● 监理部审查开工条件，在 7 天内给于承包单位答复或批准，答复如下：

　　◇ 同意，签署批准以上报审表，并将相关报审表上报甲方审查后，返回给承包单位。

　　◇ 不同意，以《监理工程师通知》的书面形式回复承包单位，并以《备忘录》的书面形式上报甲方。

在正常施工过程中，承包单位要向监理部提交《隐蔽工程报验单》《分部分项工程报验单》《监理工程师通知反馈单》。在隐蔽工程验收前，必须审查承包单位上报的该分项工程的隐蔽资料，坚持资料不合格不予验收的原则。监理通知反馈单必须在通知下发后2～3天内得到明确的书面回复。

在正常施工过程中，监理部要向承包单位下发并记录《设计变更通知》《现场见证取样登记表》《监理日志》《监理旁站记录》。

正常施工过程中理部要向甲方上报《工程建设监理（施工阶段）月报》。每月的月初由现场监理负责人汇总编制后，单独向建设单位负责人汇报。

对承包单位在施工过程中出现的不合格的，如分部分项工程、隐蔽工程等，以及发生工程质量问题时，监理部应及时向承包单位发出《不合格工程通知》及《工程（部分）暂停指令》。在下发《不合格工程通知》及《工程（部分）暂停指令》时，一要向监理部办公室负责人及时汇报，二是要事先向建设单位进行汇报，取得同意后，再进行下发。待承包单位返工完毕自检合格后，向监理部上报《施工单位申请表（通用）》；待承包单位上报《质量问题处理方案》，监理部审核通过，承包单位实施自检合格后，向监理部上报《复工申请》。

在正常施工过程中如果出现建设单位违规指令等现象，应及时上报监理办公室，同时以《备忘录》的形式上报建设单位提请纠正。

3. 工程验收阶段

工程验收阶段项目监理机构主要工作有：

- 审查承包单位工程资料，检查工程质量，组织分部工程或单位工程预验收。
- 发现问题时，应要求承包单位限期整改，整改合格后，方可通过分部工程或单位工程预验收。
- 编写分部工程或单位工程预验收报告和质量评估报告。
- 向业主提交工程质量评估报告并请业主向质监部门申请竣工验收。
- 参与业主组织的工程竣工验收。
- 发现问题时，应要求承包单位限期整改；整改合格后，在工程竣工验收报告及工程备案表上，签署监理意见。
- 向业主交付监理服务记录（资料）。

竣工预验收时，承包单位在自查、自评合格后，将竣工资料及《竣工报验单》报送监理部，申请竣工验收。监理部对竣工资料及实物验收合格后，向甲方提交《工程预验收报告》，并出具《监理评估报告》，在正式验收时向质监站进行汇报。验收工作至少要进行两次或两次以上，保证在正式验收时将重大及大的缺陷降为零。由甲方组织正式验收合格后，监理部向甲方上报《竣工移交证书》。

各项工作完成后，向建设单位正式移交监理资料。

4. 工程保修阶段

在工程保修期时，项目监理机构主要工作有：

- 工程回访。
- 业主提出保修要求，项目监理机构应立即派人查看现场，检查、记录和分析工程质量缺陷，分清责任。
- 验收承包单位保修工程的修复质量。

- 非承包单位原因的工程质量缺陷，监理人员应核实工程费用，签署工程保修款支付监理意见。
- 如承包单位未按时完成保修内容，监理人员应按合同约定，协助业主处理保修事宜。

五、监理工作资料与基本表式

通信工程监理的日常资料是最终编写监理报告和竣工资料的重要来源。监理工作责任重大，对负责的具体项目要敢于承担责任，评定一项工程是否 100%地完成，一方面要看工程的实体是否完成，另一方面要看监理资料是否已归档交给建设方。而其归档又要以现场监理人员提供的资料为主。

工程监理中的监理资料主要包括下列内容：

- 施工承包合同及委托监理合同文件。
- 工程设计文件。
- 监理规划。
- 监理实施细则。
- 分包单位资格报审表。
- 设计交底会议纪要。
- 施工组织设计（方案）报审表。
- 工程开工/复工报审表及工程暂停令。
- 工程材料、构配件、设备的质量证明文件。
- 工程变更资料。
- 隐蔽工程验收资料。
- 工程款支付证书。
- 监理工程师通知单。
- 监理工作联系单。
- 报验申请表。
- 会议纪要。
- 来往函件。
- 监理日记。
- 监理周（月）报。
- 质量缺陷与事故的处理文件。
- 分部工程、单位工程等验收资料。
- 索赔文件资料。
- 竣工结算审核意见书。
- 工程项目施工阶段质量评估报告。
- 监理工作总结。

监理工作中参照《建设工程监理规范》（GB 50319－2000），用到了大量基本表式，常用表式总结如表 6-1 所示，表式内容参见附录 B。

另外，在通信设备安装工程中，除了使用中的基本表式外，在施工准备阶段，对施工现场检查补充了表 A4-1、表 A4-2；在施工阶段，对施工质量评定补充了表 A4-3～表 A4-7，其中表 A4-2、表 A4-6 仅适用于移动通信、微波通信等设备的安装工程，详见附录 C。

表 6-1　施工阶段监理工作的基本表式

A 类表（承包单位用表）	B 类表（监理单位用表）	C 类表（各方通用表）
A1 通信管道（线路）工程开工报审表	B1　监理工程师通知单	C1　监理工作联系单
A2 施工组织设计（方案）报审表	B2　工程暂停令	C2　工程变更单
A3 分包单位资格报审表	B5　　费用索赔审批表	
A4 工程报验申请表		
A5 工程款支付申请表		
A6 监理工程师通知回复单		

六、通信工程常用监理方法

1．审查

通信工程监理的审查主要是指对进场工程材料的审查。由施工单位报送进场材料报审表及其质量证明资料后，专业监理工程师应认真审核所进材料的外观、规格、型号、数量、使用部位等是否符合设计及规范要求，出厂合格证及材质化验单是否真实有效。对按规定需见证取样的材料（如线材、设备等），监理人员按规定的程序严格进行见证取样，样品由监理单位的见证人与施工单位的取样人共同送交具有相应资质的检测单位检测。

2．验收

通信工程监理的验收主要指在施工过程中对隐蔽的工程进行自检、互检、交接检合格后向监理工程师填报隐蔽工程报验表。监理工程师现场进行认真检查，符合要求予以签认。对未经监理人员验收或验收不合格的工序，监理人员拒绝签认，并要求施工单位不得进入下道工序施工。

3．示范

通信工程由于线路长、面广、建设周期长，各工程队技术力量参差不齐，分包队伍难以固定，这给工程监理的质量控制带来一定难度。因此，可采用"示范段"的做法。所谓"示范段"，就是在大规模工程开工前请专业人员做一工程质量较高的示范施工。这是集群众智慧予一体，符合规定、标准，为大家所认可的一种做法。可达到使整个工程达到统一规范、统一质量的目的，同时使监理工作中的质量控制由事后控制变为事前控制，为整体工程顺利验收打下基础。

4．协调

在工程监理中要做好协调沟通工作，保证工程质量。要定期召开工地例会。项目监理部在第一次工地会议上即确定了今后每周召开一次工地例会，由总监理工程师主持，其中一个内容是检查分析上周工程质量状况，针对存在的质量问题提出改进措施，以督促施工单位提高施工质量水平。会议纪要由与会各方签字认可。平时要注意与业主、施工单位的交流，合理利用工程款的签认权。根据工程合同规定，未经总监签字，业主是不拨付工程款的。要让施工单位认识到，只有严把工程质量关，向业主交付经监理人员验收合格的工程，才能得到相应的工程款，从而提高工程整体施工的质量水平。想方设法调动施工方的积极性。监理单位要学会使用激励法，哪怕是微不足道的出自真诚的关心，对于施工方都是无穷的激励。通过对施工方经常进行交谈、关心和爱护等方式来激发其积极性、创造性，从而促进工程质量的保证。

5. 旁站

通信工程监理的旁站是监理人员在施工现场进行的，是针对通信工程项目施工中关键部位或关键工序，目的是为了保证这些关键工序或操作符合相应规范的要求。同时，对于通信工程项目来说，旁站是一项监督活动，一般情况下是间断的，根据工程建设的需要也可以是连续的。旁站可以通过目视，也可以通过相应的仪器仪表进行。不同工程的旁站监理内容不同。比如，在通信工程的电源设备安装工程中，对于交流屏、直流屏、整流器架、整流器安装等旁站监理内容主要包括：

- 安装位置必须符合设计的要求。
- 设备安装垂直度、水平度应符合安装规范的要求。
- 电缆布放整齐、绑扎牢固、弯曲半径符合标准。
- 电缆正极、负极、工作地、保护地连接必须正确无误，无漏项、有标志。
- 各进线侧、各出线侧、负荷侧电缆规格型号与设计相符，输出、输入空气开关，保险容量符合设计要求。
- 电力电缆必须与信号电缆严格分开、不得混放。

对于蓄电池组安装的旁站监理内容主要包括：

- 电池组安装前必须检查电池标称容量、电压，等级应符合设计要求。
- 必须检查电池外观无损坏、无漏液。
- 安装位置、连接关系必须符合设计要求。
- 电池组过桥载流量必须符合电池组容量要求。

6. 巡视

巡视是监理人员对正在施工的部位或工序在现场进行定期或不定期的监督。相对于旁站而言，巡视是对于一般的施工工序或施工操作所进行的一种监督检查的手段，巡视的目的是为了了解施工现场的具体情况，包括施工的部位、工种、操作机械、质量等情况。由于通信工程点多、面广、线路长，巡视作为不可缺少的监理服务方式，主要以了解情况和发现问题为主，巡视的方法主要以目视和记录为主。不同工程的巡视内容不同。比如，在通信工程的电源设备安装工程中，对于交流屏、直流屏、整流器架、整流器安装巡视监理内容主要包括：

- 电缆标志牌应清楚标明电缆规格、长度、截面、走向、连接关系。
- 电缆走线架、槽道规格必须符合设计要求。
- 电缆走线架、槽道安装平直度、抗拉抗压强度应符合安装规范要求。
- 电缆连接螺栓紧固度，应符合安装规范要求。

对于蓄电池组安装的巡视监理内容主要包括：

- 电池组安装应做到垂直、水平，符合安装规范的中允许标准。
- 电池组过桥连接应整齐、牢固。
- 电池组安装现场周围无杂物。
- 电池组充、放电试验应符合厂家说明书要求，并做好记录。
- 过桥、电缆连接螺栓紧固、无松动。
- 电池安装应有抗震措施。

案例指导

一、通信线路工程监理

通信线路工程监理贯穿于线路建设的全过程。下面选择线路工程在设计、施工及竣工验收的各个环节实施监理。

1. 工程设计阶段工作的监理

工程设计直接影响整个通信线路工程建设的全过程。监理工程师应在建设单位编制招标文件时就介入。招标文件要对工程设计单位在设计资质、设计业绩及服务质量等方面提出具体要求，同时还要对具体的设计人员数量、设计进度提出相应的要求。协助建设单位充分了解设计单位的有关信息，以便建设单位能有选择地发标，从而有针对性地选定设计单位。

选定设计单位后，要与设计人员充分沟通。监理工程师在设计合同实施阶段，应认真对设计工作进行跟踪检查，阶段性审查。在本地网线路设计中必须保证通信质量，还要做到经济合理，切合实际，安全适用，施工维护方便，并且要充分考虑原有设施的情况，积极采取措施，合理利用，进行多方案的技术经济比较，努力降低工程造价和维护费用。例如，在用户电缆线路工程设计中，有关交接配线区的划分应以自然地理条件为界，结合用户密度和最佳容量，原有设备的合理利用等因素综合考虑，力求界线整齐、清晰，交接区范围不宜过大。在乡村一般以村或自然村用户设一个交接区为宜。设计中应考虑线路建设完工后能保持相对稳定，相邻两交接区之间能有一定容量的电缆连接，以备应急之用。而配线电缆根据终期容量和适当备用量来确定，并且宜一次配齐到位，安装齐备，从而可减少重复投资。经济发达的乡村和村镇街道临街的房屋按每户 1 对设计，而其他房屋则应至少考虑对线。分线设备设置时同一方向用户线一般不宜跨越街道、河流、公路。分线设备尽量能够安在墙上，但其侧面不宜面对非硬化路面，从而使设计质量能满足安全性、可靠性和适用性。

2. 工程施工阶段的监理

工程建设施工阶段首先是施工的招标工作。监理工程师应当在初步设计会审以后，开始协助建设单位编制本地网通信线路工程施工招标文件。由于目前国内施工企业参差不齐，既有具备一定施工资质的企业，也有临时组建的短期施工企业，所以应该有选择地向一些信誉较好、技术力量较强，特别是对本地具有一定施工业绩和具有良好信誉的施工单位发出投标邀请函。这种邀请招标的方式已逐渐为许多建设单位所采纳。标书编制好以后，监理工程师应协助建设单位组织招标、投标、开标、评标的活动。最后提交一份对中标单位的建议，由建设单位选定中标单位。

中标以后，监理工程师要协助建设单位和中标单位签署本地网通信线路工程施工合同。合同签署后，监理工程师要制定施工总体规划，督促承包单位建立施工项目经理部，察看工程项目建设现场，向施工单位办理移交手续，审查施工单位的施工组织设计和施工技术方案，并与建设单位、施工项目经理部协商开工日期，由监理工程师下达通信线路工程开工令。

工程开工后，首先需要的工作是检查工程使用的材料。工器具和设备器材检验的主要内容有：抽检工程所用电缆的规格型号是否符合设计和合同的要求，电缆的识别标志、出厂合格证、外观状况、电气性能检测报告是否齐全，并且组织进行电缆电气特性抽查测试，做好记录，严禁不合格产品进入施工现场。抽检所用的材料是否符合设计规范要求，如水泥杆、交接设备、分线设备、热缩套管、接线子等。检查承包商施工现场的工器具使用情况和现场组织指挥情况，发现问题时应及时记录并纠正。检查承包商的质量保证体系和安全保证体系并检查承包商的保险情况。

在监理工程现场检查过程中，要特别检查各种施工状况是否符合《本地网通信线路工程验收规范》。在施工过程中，监理工程师检查的主要工作内容包括：在杆路架设过程中，杆距是否合理，电杆埋深针对不同土质是否符合设计施工规范要求，直线杆竖直是否上下一致。拉线设置是否符合设计要求，拉线地锚坑深是否符合规范要求。杆路吊线布放要与电力线等的间距应符合规范要求，交越处应采取防护措施，电缆挂钩的卡距应均匀齐整，间距为 0.3 m，电杆两侧的第一只挂钩应各距电杆 0.25 m，电缆敷设后应平直无扭转，无机械损伤，电缆走向合理美观。吊线接续处电缆及电缆接头分歧处要绑扎好，电缆分歧处严禁不装或少装分歧卡。电缆接头的套管 200 对及以下电缆离杆为 0.6 m，200 对以上电缆离杆处为 0.8 m，允许偏差均为±0.05 m。电缆应按设计要求的敷设。墙壁电缆跨越街坊、院内通路时，其缆线最低点距地面不应小于 4.5 m。墙壁电缆敷设应符合规范要求，横平竖直，不得影响房屋美观。墙壁电缆与其他管线的最小间距应符合规范要求。吊线式墙壁电缆使用的吊线程式应符合设计要求，墙上支撑的间距应为 8～10 m，终端固定物与第一只中间支撑的距离应在 5 m 内，其他中间支撑材料应符合设计规范要求。电缆芯线接续和封焊应达到设计要求，必要时监理工程师应进行现场抽查。交接设备的安装应符合设计要求，在交接设备内穿放跳线时，应做到走线合理、整齐美观，中间不得有接头且不影响模块支架的开启。交接设备内要贴接线示意图，交接设备、分线设备的内外宜用漆标注。交接设备等必须接地，其接地电阻应符合规范要求，监理工程师在中间验收时可进行抽查测试。人孔内有积水、污泥、杂物时，应予以排除，电缆在人孔内必须按设计要求沿井壁整齐排列在托架上，不得直穿人孔，不得交叉，也不得有多余的电缆盘余在人孔内。进线室及通道内宜编号挂牌。监理工程师还要注意电缆割接和调整配线区的工作，此项工作比较复杂，必须及时督促施工单位在割接调整时要认真仔细，理顺操作思路，做好线对核实等准备工作，填写割接和割接调整配线区审批表并交建设单位相关部门批准后，方可进行割接，对割接区电缆对数较大的，一班改不完的应倒班连续进行割接，割接后要试通电话，并及时通知测量室测试，发现故障及时处理，不得有超时障碍。割接资料必须及时登记。

3. 线路竣工阶段的监理

本地网通信线路工程完工后，施工单位必须认真填写验收审请表，由建设单位、施工项目经理部、监理单位组织竣工验收。验收项目和验收内容按《本地网通信线路工程验收规范》要求执行。验收过程发现问题应及时查明原因，找出责任方，责成其限期解决落实。竣工技术资料是工程验收的重要组成部分，一般应包括本地网线路总杆路图、地下管道图、主干电缆图、各接入网点交接区杆路图和配线图、人手孔卡片、工作量表、测试记录、隐蔽工程签证表、工程联系变更单、线路状况表、调整割接记录、工程洽谈记录等。竣工技术文件一式三份，资料和图纸要统一、完整，文字说明简练，观点明确，表达清楚，条理美观，线条清晰，字体端正，图形符号正确，计算方法标准规范。在工程验收前，由监理单位审核完毕，提交建设单位。

二、综合布线系统工程监理

综合布线系统是通信工程领域在国内推行较早的智能化系统。在综合布线工程中，需要较多的材料，其生产厂家较多、产品五花八门，施工企业良莠不齐，且有较多的干扰因素，因此监理工作十分重要，不仅需要综合布线系统的基本专业知识，掌握综合布线系统监理的依据，还要有较好的监理知识。下面选择综合布线工程中几个关键环节实施监理，其工作方法及控制要点如下所述。

1. 施工准备阶段的监理工作

① 施工队伍对所选定的产品有无施工经验，监理人员发现施工单位不合格要及时提出意见。

② 提前要求施工供货单位提供产品的样品，对产品的样品进行检查，合格后封存，以备施工材料进场时对比检查。

2. 施工阶段的监理

施工及验收阶段的监理要围绕质量、投资、进度控制三大目标。把好材料进场检验关、施工过程质量关和施工进度关。施工阶段的质量控制包括以下内容。

① 对原材料、半成品、设备等进场材料的质量进行认定，审核出厂证明、技术合格证或质量证书、抽检试验。原材料审核主要应集中在对线缆的材料审核上。通常线缆存在的主要质量问题有：非原厂线缆（即假线）、原厂线缆无检测报告、进口产品无商检资料等问题。如果需要准确判断所进线缆的质量情况，应首先掌握原厂的检测报告、线缆的测试参数，然后取线缆样品和这些参数报告到质量监督局做检测，看检测参数是否符合原厂检测报告所列的技术参数，以此来判断线缆是否存在质量问题。当监理工作现场无测试仪器时，对线缆质量的初步判断主要采用看、捏、量、撕等方法。

看，就是看线缆的外观、线标，看线对的绞合程度。正品的线缆标识打印清晰，字迹工整，线对绞合均匀，绞合不易松散；假冒产品的线缆标识打印模糊，字迹粗糙，线对绞合不均匀，易松散。即使不了解产品的性能，通过线缆标识的比较和绞合程度也可以判别出线缆的真伪。

捏，是指用中指和拇指捏线缆，质量好的线缆内部绞合比较密实，捏起来有比较充实感觉的属于质量较好的产品。

量，如果有卡尺可以量单芯线缆的线径，综合布线一般采用 AWG 线规，AWG 是美国线规的英文首字母缩写。线规前面的号码表示线缆的传输介质的直径，不同号码表示不同导体直径，这个号码的编号一般由"00"到"46"或更高，编号越高、导体线径越小，例如，24AWG 导体直径是 0.511 mm，它是指 8 芯双绞线的一个线芯的铜介质导体的直径，综合布线一般采用 24AWG 或 22AWG。根据采用线规卡尺测量线径，线径如果小于线规，或粗细不均匀则属于伪劣线。原厂生产的每箱应是 1 000 英尺的标准尺寸，约 305 m，可以用米尺简单测量每个标示之间的距离是否合理尺寸，如果不合理说明是伪劣线。

撕，原厂生产的线缆外皮不易撕破，采用回收塑料生产的线缆外皮薄且容易被撕破。

② 在主要的分项工程施工前，施工单位应将施工工艺、原材料使用、劳动力配置、质量保证措施等基本情况填写在施工条件准备表中，经监理方调查核实，同意后方可开工。这就要求现场监理人员对施工人员的情况要了如指掌，包括有无施工资质证书、有无施工经验、是否具备独立施工的能力等。

③ 综合布线辅助工程（分项工程）是综合布线的前期工程，也是综合布线工程的基础，其整体质量和可维护性直接影响综合布线工程的质量。因此，在综合布线辅助工程施工过程中，应对关键部位随时抽检，不合格的应通知施工单位整改，并做好记录和复查。抽检可以在终端盒安装前对管道线槽的一些项目进行检查，包括线槽走向是否符合规范要求、线槽安装是否牢固、线槽

内侧有无多余毛刺、线槽接合处有无断档、线槽与终端盒接合处穿线是否规范等。

④ 所有分项工程（如综合布线辅助工程、终端盒安装等）施工，施工单位应在自检合格后，填写分项工程报验申请表，并附上分项工程评定表。

⑤ 对隐蔽工程（如竖井、暗沟等）应填写隐检单并报监理方，监理工程师必须严格按每道工序进行检查，检查合格的，签发分项工程认可书；不合格的下达监理通知，并指明整改项目。

⑥ 参数测试。综合布线工程的验收必须经过严格的参数测试。现有的测试仪器，例如经常使用的 FLUKE 测试仪，一般都内置测试标准，由于这类测试仪一般均是国外公司生产的，所以测试标准通常选择 EIA/TIA-568A 或者 ISO 11801，测试结果表单通常用专业术语表示，对于不了解专业知识的监理人员来说，是难以辨别测试参数意义的，如果想看懂测试结果，就要求专业监理人员应该具备这方面的专业知识。

质量是综合布线施工中最重要的因素，线缆敷设到线管、线槽中再换线非常麻烦，一旦在以后的使用中出现问题将会给用户带来很大的损失，因此必须严把质量关。质量的控制体现在整个工程的工作流程中，总结经验如下：质量控制要把住中间，抓好两头。也就是要把好施工过程关键工序的质量关，抓住材料进场验收和竣工验收关。

施工阶段的投资控制包括以下内容：

● 熟悉设计图纸、合同条款，分析合同构成因素，找出工程费用最易突破的部分，明确投资控制的重点。

● 预测工程风险及可能发生索赔的因素，制定防范对策。

● 严格执行付款审核签认制度，及时进行投资实际值与计划值的比较、分析。

● 工程洽商须经监理工程师签证才能施工，设计变更应及时通知监理方，监理工程师应核定费用及工期的增减，列入工程结算。

● 按合同规定及时向施工单位支付工程进度款。

● 严格审核施工单位提出的工程结算书。

● 公正处理施工单位提出的索赔。

施工阶段的进度控制包括以下内容：

● 审核施工单位编制的工程项目实施进度计划。

● 审核项目实施进度计划，这是实施控制工期目标、审核施工单位阶段施工计划的依据，也是确定材料设备供应进度、资金、资源计划是否协调的依据。

● 审核施工单位提交的施工进度计划，并提出修改意见，主要审核施工进度计划是否符合总工期控制目标的要求，审核施工进度计划与施工方案的协调性和合理性等。

● 审核施工单位提交的施工总平面图。

● 审定供应材料、构配件及设备的采供计划。

● 工程进度的检查，主要检查计划进度与实际进度的差异。

● 组织现场协调会。

施工进度的滞后可能会影响其他相关施工的进度，做好施工进度的监理应对整个项目的施工进度有一个比较好的把握，掌握各相关工程的进度情况，避免拖后腿。可以通过详细分析影响本施工进度的因素，确定关键因素并加以控制。

3. 验收阶段的监理

一般来说，在施工单位自检合格的基础上，建设单位应组织监理方、施工单位和设计单位对工程进行验收检查，但是通常情况往往在施工单位报竣后由监理单位来组织验收，检查合格后由监理方签发竣工移交证书，并按有关规定由质量监督部门核定后工程进入保修阶段。综合布线系统工程完工后，施工单位必须认真填写验收审请表，由建设单位、施工项目经理部、监理单位组织竣工验收。综合布线系统验收标准和文件主要有《建筑与建筑群综合布线系统工程验收规范》GB 50312—2000；《智能建筑工程质量验收规范》GB 50339—2003；《大楼通信综合布线系统》YD/T 926.1—1997；国家、地方法规和双方文件；中华人民共和国有关工程监理的政策、法规等文件；智能化工程监理委托合同书；业主和承包方的合同书等。验收过程发现问题应及时查明原因，找出责任方，责成其限期解决落实。竣工技术资料是工程验收的重要组成部分，监理工程师要求施工单位所做的竣工技术文件一式三份，资料和图纸要统一、完整，文字说明简练，观点明确，表达清楚，条理美观，线条清晰，字体端正，图形符号正确，计算方法标准规范。

➡ 实训作业

1. 画出通信工程监理流程图并说明各部分的作用和意义。

2. 如何组织线路工程监理？试对每一环节给出具体的监理实施措施。

3. 给出设备安装工程监理实施要点。

4. 通信工程监理有哪些资料和基本表式？

5. 通信线路工程施工监理：按以下步骤进行一具体线路工程监理工作，试对每一环节给出具体的监理实施措施。

● 查看初期的材料进场情况并检验是否合格。

● 检查施工队伍的进场情况并验证其施工资质。

● 按照工程进度表检查施工进展。

● 按设计图纸要求落实各个环节。

● 把握工程质量。

● 开出整改通知。

● 确认工程变更情况等。

6. 通信设备安装工程现场监理。按以下步骤进行设备安装工程监理工作，试对每一环节给出具体的监理实施要点。

● 设备开箱、搬运（如何查验）。

● 设备安装（安装注意点）。

● 桥架安装（规范、工艺）。

● 电源线布放。

● 信号线布放。

● 尾纤布放。

● 设备调测。

附录A 通信管道、线路工程设计常用图形符号

表1 光缆

序 号	名 称	图 例	说 明
1-1	光缆		光纤或光缆的一般符号
1-2	光缆参数标注	a/b	a: 光缆芯数 b: 光缆长度
1-3	永久接头		
1-4	可拆卸固定接头		
1-5	光连接器（插头-插座）		

表2 通信线路

序 号	名 称	图 例	说 明
2-1	通信线路		通信线路的一般符号
2-2	直埋线路	或	
2-3	水下线路、海底线路		
2-4	架空线路		
2-5	管道线路	或	管道数量、应用的管孔位置、截面尺寸或其他特征（如管孔排列形式）可标注在管道线路的上方，虚斜线可作为人（手）孔的简易画法
2-6	直埋线路接头连接点		
2-7	线路中的充气或注油堵头		
2-8	具有旁路的充气或注油堵头的线路		
2-9	通信线路上直流供电		
2-10	沿建筑物明敷设通信线路		
2-11	沿建筑物暗敷设通信线路		
2-12	电气排流电缆		
2-13	接图线		

表3 线路设施与分线设备

序 号	名 称	图 例	说 明
3-1	防电缆光缆蠕动装置		类似于水底光电缆的丝网或网套锚固
3-2	线路集中器		

序　号	名　称	图　例	说　明
3-3	电杆上的线路集中器		示例
3-4	保护阳极（阳电极）		
3-5	镁保护阳极		示例
3-6	埋式光缆电缆铺砖、铺水泥盖板保护		可加文字标注说明铺砖为横铺、竖铺及敷设长度或注明铺水泥盖板及敷设长度
3-7	埋式光缆电缆穿管保护		可加文字标注表示管材规格及数量
3-8	埋式光缆电缆上方敷设排流线		
3-9	埋式电缆旁边敷设防雷消弧线		
3-10	光缆电缆预留		
3-11	光缆电缆蛇形敷设		
3-12	电缆充气点		
3-13	直埋线路标石		直埋线路标石的一般符号 加注 V 表示气门标识 加注 M 表示监测标识
3-14	光缆电缆盘留		
3-15	电缆气闭套管		
3-16	电缆气闭绝缘套管		
3-17	电缆绝缘套管		
3-18	电缆平衡套管		
3-19	电缆直通套管		
3-20	电缆交叉套管		
3-21	电缆分支套管		
3-22	电缆加感套管		
3-23	电缆接合型接头套管		
3-24	引出电缆监测线的套管		
3-25	含有气压报警信号的电缆套管		
3-26	压力传感器		
3-27	电位针式压力传感器		
3-28	电容针式压力传感器		

续表

序　号	名　　称	图　例	说　　明
3-29	地上防风雨罩		地上防风雨罩的一般符号 其内可安放增音机、电话机等设备
3-30	通信电缆转接房		
3-31	水线房		
3-32	水线标志牌	或	单杆及双杆水线标牌
3-33	通信线路巡房		
3-34	电缆交接间		
3-35	架空交接箱		
3-36	落地交接箱		
3-37	壁龛交接箱		
3-38	分线盒	简化形	分线盒一般符号。注：可加注 $\frac{N-B}{c}\Big|\frac{d}{D}$ 其中：N 为编号；B 为容量；C 为线序；d 为现有用户数；D 为设计用户数
3-39	室内分线盒		
3-40	室外分线盒		
3-41	分线箱	简化形	分线箱的一般符号 加注同 3-38
3-42	壁龛分线箱	简化形	壁龛分线箱的一般符号 加注同 3-38

表 4　通信杆路

序　号	名　　称	图　例	说　　明
4-1	电杆的一般符号	○	可以用文字符号 $\frac{A-B}{C}$ 标注 其中：A 为杆路或所属部门；B 为杆长；C 为杆号
4-2	单接杆		
4-3	品接杆		
4-4	H 形杆	或	

序　号	名　称	图　例	说　明
4-5	L形杆		
4-6	A形杆		
4-7	三角杆		
4-8	四角杆		
4-9	带撑杆的电杆		
4-10	带撑杆拉线的电杆		
4-11	引上杆		小黑点表示电缆或光缆
4-12	通信电杆上装设避雷线		
4-13	通信电杆上装设带有火花间隙的避雷线		
4-14	通信电杆上装设放电器		在A处注明放电器型号
4-15	电杆保护用围桩		河中打桩杆
4-16	分水桩		
4-17	单方拉线		拉线的一般符号
4-18	双方拉线		
4-19	四方拉线		
4-20	有V形拉线的电杆		
4-21	有高桩拉线的电杆		
4-22	横木或卡盘		

附录 B 通信设备施工监理表（部分）

表 A1 通信管道（线路）工程开工报审表

工程名称： 　　　　　　　　　施工单位（章）：

业　　主		设 计 单 位	
管道沟长（千米）		管 道 孔 数	
供 料 办 法			
建设单位开户银行账号			
施工合同价值（元）			
计划开工、竣工日期	年　月　日至　年　月　日		
施工执照证号			
施工许可证号			

施工工单位代表：　　年　月　日　　监理工程师：　　年　月　日

本表一式三份，建设单位、监理单位、施工单位各一份。

表 A2 施工组织设计（方案）报审表

工程名称： 　　　　　　　　　编号：

致： 　　我方已根据施工合同的有关规定完成了＿＿＿＿＿＿＿工程施工组织设计（方案）的编制，并经我单位上级技术负责人审查批准，请予以审查。 　　　　附件： 　施工组织设计（方案） 　　　　　　　　　　　　　承包单位（章） 　　　　　　　　　　　　　项目经理： 　　　　　　　　　　　　　　　年 月 日
专业（现场）监理工程师审查意见： 　　　　　　　　专业（现场）监理工程师： 　　　　　　　　　　　　　　　年 月 日
总监理工程师审核意见： 　　　　　　　　项目监理机构： 　　　　　　　　总监理工程师： 　　　　　　　　　　　　　年 月 日

本表一式三份，建设单位、监理单位、施工单位各一份。

表A3 分包单位资格报审表

工程名称：　　　　　　　　　　　　　编号：

致：

　　经考察，我方认为拟选择的＿＿＿＿＿＿＿＿＿＿＿＿＿＿（分包单位）的施工资质和施工能力，可以保证本工程项目按合同的规定进行施工。分包后我方仍承担总承包单位的全部责任。请予以审查和批准。

附件：1. 分包单位资质材料

2. 分包单位业绩材料

分包工程名称（部位）	工程数量	拟分包工程合同额	分包工程占全部工程（%）
合　计			

承包单位（章）

项目经理：

年　月　日

专业（现场）监理工程师审查意见：

专业（现场）监理工程师：

年　月　日

总监理工程师审核意见：

项目监理机构：

总监理工程师：

年　月　日

　　本表一式三份，建设单位、监理单位、施工单位各一份。

表 A4　工程报验申请表

工程名称：　　　　　　　　　　　编号：

致： 我单位已完成了＿＿＿＿＿＿＿＿＿＿＿＿＿＿＿＿＿＿＿＿工作，经自查符合以下条件： 　　1．质量自检合格 　　2．竣工资料齐全 现报上该工程报验申请表，请予以审查和验收。 附件：   　　　　　　　　　　　承包单位（章） 　　　　　　　　　　　　项目经理： 　　　　　　　　　　　　　　　年　月　日
审查意见：   　　　　　　　　　　　项目监理机构： 　　　　　　　　　　　总监理工程师： 　　　　　　　　　　　　　　年　月　日

本表一式三份，建设单位、监理单位、施工单位各一份。

表 A5　工程款支付申请表

工程名称：　　　　　　　　　　　　　编号：

致： 我方已完成了＿＿＿＿＿＿＿＿＿＿工作，按施工合同的规定，建设单位应在＿＿年＿＿月＿＿日前支付该项工程款共（大写） ＿＿＿＿＿＿＿（小写）＿＿＿＿＿＿，现报上＿＿＿＿＿＿＿工程款支付申请表，请予以审查并开具工程款支付证书。 　　　附件： 　　　1．工程量清单 　　　2．计算方法   　　　　　　　　　　承包单位（章） 　　　　　　　　　　　项目经理：
监理单位审批意见：   　　　　　　　　　　　　　　监理工程师： 　　　　　　　　　　　　　　　　年　月　日
建设单位审批意见：   　　　　　　　　　　　　　建设单位代表： 　　　　　　　　　　　　　　　年　月　日

本表一式三份，建设单位、监理单位、施工单位各一份。

表 A6　监理工程师通知回复单

工程名称：　　　　　　　　　　　　　　　　编号：

致： 　　我方收到编号为＿＿＿＿＿＿＿＿＿＿＿的监理工程师通知后，已按要求完成了＿＿＿＿＿＿＿＿＿＿＿工作，现报上，请予以复查。 详细内容：   　　　　　　承包单位（章） 　　　　　　　项目经理： 　　　　　　　　　　　年　月　日
复查意见：   　　　　　　项目监理机构： 　　　　　　总监理工程师： 　　　　　　　　　　　年　月　日

本表一式三份，建设单位、监理单位、施工单位各一份。

表 B1　监理工程师通知单

工程名称：　　　　　　　　　　　　　　　　编号：

致：
事由：
内容：   　　　　　　项目监理机构： 　　　　　　监理工程师： 　　　　　　　　　　　年　月　日

本表一式二份，监理单位、施工单位各一份。

表 B2　工程暂停令

工程名称：　　　　　　　　　　　　　　　　　　编号：

致： 　　由于＿＿＿＿＿＿＿＿＿＿＿＿＿＿＿＿＿原因，现通知你方必须于＿＿＿年＿＿月＿＿日＿＿＿时起，对本工程的　　　　　　　　部位（工序） 实施暂停施工，并按下述要求做好各项工作：
项目监理机构： 　　　　　　　　总监理工程师： 　　　　　　　　　　　　　　年　月　日

本表一式三份，建设单位、监理单位、施工单位各一份。

表 B3　费用索赔审批表

工程名称 ：　　　　　　　　　　　　　　　　　　编号：

致： 　　根据施工合同条款＿＿＿＿＿＿＿＿＿＿条的规定，你方提出的＿＿＿＿＿＿＿＿＿＿＿费用索赔申请（第＿＿＿号）索赔大 写＿＿＿＿＿＿＿，经过审核评估： 　　　　1. 不同意此项索赔。 　　　　2. 同意此项索赔，金额为（大写）＿＿＿＿＿＿＿。 同意/不同意索赔的理由：   索赔金额的计算：
项目监理机构： 　　　　　　　　总监理工程师： 　　　　　　　　　　　年　月　日

本表一式三份，建设单位、监理单位、施工单位各一份。

表 C1　监理工作联系单

工程名称：　　　　　　　　　　　　　　　　编号：

致：	
事由：	
内容： 单位（盖章）： 监理工程师： 　　　　年　月　日	

本表一式两份，被联系单位、监理单位各执一份。

表 C2　工程变更单

工程名称：　　　　　　　　　　　　　　　　编号：

致： 由于　　　　　　　　　　　　　原因，兹提出工程变更（内容见附件），请予以审批。 附件： 施工单位： 代表人： 　　　　年　月　日
监理单位审批意见：   监理工程师： 　　　　年　月　日
建设单位审批意见：   建设单位代表： 　　　　年　月　日

本表一式三份，建设单位、监理单位、施工单位各一份。

附录C 通信设备安装工程施工监理补充表

表 A4-1 机房施工环境检验单

工程名称			
局（站）名称		编 号	
项 目	检查内容	检查结果	备 注
施工环境	机房通风、防尘、照明、温/湿度		
	机房预留孔洞及预埋件		
	防雷保护接地系统		
	机房地板敷设		
	机房活动荷载		
	机房建筑防火、防水要求		
	市电引入		

检查意见：

承包单位（章）

项目经理

日 期

监理意见：

项目监理机构_____

总/监理工程师

日 期_____

表 A4-2　天线铁塔检验单

工程名称				
局（站）名称			编　号	
项目	检查内容		检查结果	备　注
铁塔基础	塔基高度及顶面水平度			
	塔靴中心间距			
铁塔主体	铁塔总高度，平台位置及天线加挂支架的高度和方位			
	铁塔主体中心轴线垂直度			
	螺栓紧固情况			
	铁塔的防腐处理			
	避雷针的安装位置及高度			
	防雷接地电阻值			
检查意见： 承包单位（章） 项目经理 日　　期				
监理意见： 项目监理机构 总/监理工程师 日　　期				

表 A4-3　电（光）缆走道（槽道）报验单

工程名称		局（站）名称	
承包单位		编　号	

致：　　　　　　　　　　　　（监理单位）

按照安装工艺要求，我方已完成机房电（光）缆走道（槽道）的安装工作，请检验。

序　号	报验内容	自检结果	备　注
1	安装位置及高度符合设计要求		
2	加固支撑安装平稳牢固、 吊挂垂直整齐		
3	走道（槽道）横平竖直		
4	走道横铁间隔均匀		
5	槽道盖板、侧板、底板安装完整、齐全、缝隙均匀		
6	接地良好、可靠		
7	漆色一致		

承包单位（章）

项目经理

日　　期

监理意见：

项目监理机构

总/监理工程师

日　　期

表 A4-4 设备安装报验单

工程名称		局（站）名称	
承包单位		编　号	

致：　　　　　　　　　　　　　（监理单位）

按照安装工艺要求，我方已完成_____设备的安装工作，请检验。

序　号	报验内容	自检结果	备　注
1	机架安装位置符合设计平面图要求		
2	设备的水平及垂直度		
3	架间缝隙、架列平面符合要求		
4	抗震加固符合设计要求		
5	保护接地良好可靠		
6	子架安装位置正确、插接牢固		
7	插盘及模块插接正确、牢固		
8			
9			

承包单位（章）

项目经理

日　　期

监理意见：

项目监理机构

总/监理工程师

日　　期

表 A4-5 线缆布放报验单

工程名称		局（站）名称	
承包单位		编 号	

致：　　　　　　　　　　　　　　　　（监理单位）

按照安装工艺要求，我方已经完成机房的线缆布放工作，请检验。

序 号	报验内容	自检结果	备 注
1	路由走向符合设计要求		
2	弯曲半径及绑扎质量		
3	射频同轴电缆头的组装质量		
4	信号线、控制线的连接质量		
5	电源线的端头处理质量		
6	信号线与电源线之间的间距应符合要求		
7	线缆标注明确		

承包单位（章）

项目经理

日　　期

监理意见：

项目监理机构

总/监理工程师

日　　期

表 A4-6　天线、馈线安装报验单

工程名称				局（站）名称	
承包单位				编　号	

致：　　　　　　　　　　　　　（监理单位）

按照安装工艺要求，我方已完成天线、馈线安装工作，请检验。

序　号	项　目	报验内容	自检结果	备　注
1	天线	安装位置、高度及倾斜角		
		加固牢靠程度		
		防雷接地有效可靠		
2	馈线	路由走向正确		
		加固牢靠、美观		
		弯曲半径符合要求		
		防水密封处理良好		
		接地处理符合设计要求		
3	天线、馈线	连接头接触良好		

承包单位（章）

项目经理

日　　期

监理意见：

项目监理机构

总/监理工程师

日　　期

表 A4-7 设备测试报验单

工程名称		局（站）名称	
承包单位		编 号	

致： （监理单位）

我方已完成 设备的各项测试工作，测试项目如下，测试记录附后，请检验。

序 号	测试项目	测试结果	备 注
1			
2			
3			
4			
5			
6			
7			
8			
9			
10			
11			
12			

承包单位（章）

项目经理

日 期＿＿＿＿＿＿＿＿

监理意见：

项目监理机构

总/监理工程师

日 期

参 考 文 献

[1] 丁龙刚. 通信工程施工与监理. 北京：电子工业出版社，2006.

[2] 张开栋. 通信电缆施工. 北京：人民邮电出版社，2008.

[3] 张开栋. 通信工程监理手册. 北京：人民邮电出版社，2005.

[4] 李立高. 通信线路工程. 西安：西安电子科技大学出版社，2008.

[5] 刘强，童有卯，罗永健，简玉仙等. 通信管道与线路工程设计. 北京：国防工业出版社，2006.

[6] 穆维新. 现代通信工程设计. 北京：人民邮电出版社，2007.

[7] 陈昌海. 通信电缆线路. 北京：人民邮电出版社，2005.

[8] 陈永彬. 现代交换原理与技术. 北京：人民邮电出版社，2009.

[9] 金惠文. 现代交换原理. 北京：电子工业出版社，2004.

[10] 马虹. 现代通信交换技术. 北京：电子工业出版社，2010.

[11] 信息产业部通信工程定额质监中心. 通信建设监理培训教材编写组. 通信工程监理实务. 北京：人民邮电出版社，2006.

[12] 南京秦泰教育科技有限公司. TLS-3HF 现代通信网络工程综合设备实验指导书第一分册程控交换实验平台实验指导书，2006.

[13] 南京秦泰教育科技有限公司. TLS-3HF 现代通信网络工程综合设备实验指导书第二分册程控交换操作实验指导书，2006.

[14] UT 斯达康通讯有限公司. 专网无线交换平台 EP300（R1.2.2）CLI 操作手册，2006.

[15] UT 斯达康通讯有限公司. 专网无线交换平台 EP300（R1.2.2）技术手册，2006.

[16] UT 斯达康通讯有限公司. 专网无线交换平台 EP300（R1.2.2）安装手册，2006.

[17] 中华人民共和国通信行业标准 YD 5103—2003 通信管道工程施工及验收技术规范.

[18] 中华人民共和国通信行业标准 YD/T 5015—2005 通信管道与线路工程制图与图形符号.

[19] 中华人民共和国通信行业标准 YD 5138—2005 本地通信线路工程验收规范.

[20] 中华人民共和国通信行业标准 YD 5137—2005 本地通信线路工程设计规范.

[21] 中华人民共和国通信行业标准 YD/T 5076—1998 程控电话交换设备安装工程设计规范.

[22] 中华人民共和国通信行业标准 YD/T 5077—1998 程控电话交换设备安装工程验收规范.

[23] 中华人民共和国通信行业标准 YD/T 5125—2005 通信设备安装工程施工监理暂行规定.

[24] 中华人民共和国工业和信息化部. 通信建设工程预算定额，通信建设工程概算、预算编制办法，通信建设工程费用定额，通信建设工程施工机械、仪器仪表台班定额，2008.

反侵权盗版声明

电子工业出版社依法对本作品享有专有出版权。任何未经权利人书面许可，复制、销售或通过信息网络传播本作品的行为，歪曲、篡改、剽窃本作品的行为，均违反《中华人民共和国著作权法》，其行为人应承担相应的民事责任和行政责任，构成犯罪的，将被依法追究刑事责任。

为了维护市场秩序，保护权利人的合法权益，我社将依法查处和打击侵权盗版的单位和个人。欢迎社会各界人士积极举报侵权盗版行为，本社将奖励举报有功人员，并保证举报人的信息不被泄露。

举报电话：（010）88254396；（010）88258888

传　　真：（010）88254397

E-mail：　dbqq@phei.com.cn

通信地址：北京市海淀区万寿路 173 信箱

　　　　　电子工业出版社总编办公室

邮　　编：100036